Professeur Aug. CLAUSE

DIRECTEUR DE L'ÉCOLE DE CULTURE PHYSIQUE DE LYON

L'Art de devenir

FORT

et

BIEN PORTANT

Manuel pratique de Culture Physique avec notions d'Anatomie et de Physiologie.

PARIS

BERGER-LEVRAULT & CIE

ÉDITEURS

L'art de devenir fort

et bien portant

AUGUSTE CLAUSE

Directeur de l'Institut de Culture physique de la place Bellecour, à Lyon

L'Art de devenir fort et bien portant

AVEC 25 PHOTOGRAPHIES

BERGER=LEVRAULT & Cie, ÉDITEURS

PARIS
Rue des Beaux-Arts, 5—7

NANCY
Rue des Glacis, 18

1910

Lyon, août.

Cher Monsieur Desbonnet,

Permettez-moi, mon cher Professeur, de vous dédier ce livre, car c'est à vous que je dois mon feu sacré et les résultats que je donne chaque jour à la société lyonnaise.

Vous m'avez inculqué l'art très noble de la culture physique dans lequel vous excellez.

Je vous en remercie et je suis heureux de m'associer à votre belle œuvre dans une communion d'idée et de but.

Votre tout affectueux et dévoué,

Professeur : Auguste CLAUSE.

PRÉFACE

I

LA CULTURE PHYSIQUE

Définition. — Historique. — Importance de la culture physique. — Sa valeur morale. — Son utilité. — Rôle du professeur de culture physique. — Moyens de développer cette culture. — Réformes à faire dans l'éducation. — Progrès réalisés par ce manuel. — Défauts de l'acrobatie. — La culture physique doit être scientifique. — Avantages qu'il y a à y joindre une hydrothérapie rationnelle et comment on doit la pratiquer. — Conclusions.

S'il est un art bien digne d'exciter l'enthousiasme, c'est celui de la culture physique, que la Grèce antique rangeait parmi les occupations libérales au premier chef et qui fut célébré par Homère, Pindare et Virgile. Il appartint à cette race hellénique si merveilleusement douée, de trouver la vraie formule de cet art, c'est-à-dire le développement harmonieux du corps humain au point de vue de la force, de la santé et aussi de la beauté. De tout temps, mais surtout aux âges primitifs, la vigueur musculaire a été une des qualités les plus estimées, comme le montre la légende d'Hercule, purgeant la terre des monstres qui l'infestaient et faisant régner le droit. Les monuments mégalithiques qu'on rencontre encore dans diverses parties de l'Europe, ces cromlechs, dolmens, menhirs ou murs pélasgiens qui ont été longtemps attribués à des géants, les colosses de l'Assyrie, les pyramides d'Égypte, construites presque sans l'aide de machines, témoignent de la force physique des hommes de ces époques reculées.

Mais ce ne sont là que des édifices monstrueux ou des statues difformes sans caractère réellement artistique, et qui n'ont rien de la beauté grecque, merveille de justesse et d'observation. Ce peuple découvrit l'esthétique par un sentiment profond de ce que la nature offre de sublime. Il ne pouvait souffrir aucune laideur. Pour lui, le beau se confondait avec le bien et cela dès les temps les plus anciens. Ainsi, dans l'*Iliade*, Achille, le plus brave des Achéens, est dépeint comme le mieux fait, tandis que Thersite, boiteux et bossu, représente la lâcheté. La beauté sereine était l'idéal des artistes et ils voilaient un visage souffrant, dont la douleur altère les traits.

Ces sentiments devaient conduire les Grecs à perfectionner le corps humain avec le même génie dont ils faisaient preuve dans tous les arts. Ils s'appliquèrent donc à faire valoir cette merveille, et l'on ne pourrait comprendre les chefs-d'œuvre de la statuaire antique si l'on ne savait qu'ils étaient conçus d'après les modèles vivants qu'on rencontrait dans les gymnases.

Aussi la Grèce fêtait-elle solennellement tous les quatre ans la culture physique. Tous les peuples helléniques du continent et des îles, Ioniens, Doriens, Eoliens, assistaient à ces spectacles qu'on n'a pu égaler :

les jeux olympiques, néméens, pythiques oui sthmiques. Jamais des yeux humains n'ont contemplé rien de plus admirable que ces courses à pied ou en chars, ces combats du ceste, ces luttes, ce pancrace, ce pentathle auxquels prenait part la fleur de la jeunesse, sur l'arène sacrée, sous un ciel resplendissant de lumière. Dès que le héraut avait proclamé les noms des vainqueurs, des cris d'enthousiasme saluaient ces mortels chéris des dieux et comblés de bonheur en cette vie. Puis, les athlètes incomparables, aussi estimés que des généraux illustres, recevaient des honneurs extraordinaires. Leur ville natale abattait un pan de ses remparts pour les recevoir en triomphe, indiquant par là que de tels hommes étaient la meilleure défense de la cité. Phidias, Praxitèle ou Polyclète leur sculptaient des statues qu'on plaçait près du stade où ils avaient conquis la palme, la couronne d'olivier ou de laurier, et ils étaient nourris aux frais de l'État jusqu'à la fin de leur vie.

Il faut lire dans PAUSANIAS, *Voyage de l'Élide,* la description du cirque d'Olympie et l'histoire de ces athlètes fameux, Milon de Crotone, Polydamas, Euthyme, Théagène de Thase, Doriéos, Glaucos le Carystien et tant d'autres. Les enfants même prenaient part à ces jeux qui formaient des générations robustes et vaillantes, les soldats de Marathon, de Salamine et de Platées, les marins de Mycale. C'est que le goût des exercices du corps coïncide ordinairement avec la période prospère d'une nation. XÉNOPHON, dans sa *Cyropédie,* ouvrage qu'il faut aussi consulter si l'on veut se faire une idée de l'extrême importance de la culture physique dans l'éducation chez les anciens, montre que les principales occupations des Perses du temps de Cyrus étaient la chasse, l'équitation et le maniement de l'arc. Ils s'efforçaient d'endurcir leur corps, de le rendre souple et vigoureux. Ils se préparaient ainsi à la guerre, tandis que leurs adversaires, les Assyriens et les Lydiens, s'amollissaient dans l'oisiveté et les plaisirs et allaient au-devant de la défaite et de l'esclavage.

Les Perses et les Mèdes ayant négligé ensuite les exercices physiques, ne purent résister, malgré leurs armées innombrables, à une poignée de Grecs disciplinés et qui regardaient l'athlétisme comme une vertu civique et comme la marque de la liberté. C'est au point que les Spartiates interdisaient aux ilotes, leurs esclaves, de se livrer à cette culture, de peur qu'ils ne se révoltassent.

Mais quand les éphèbes désertèrent les palestres et qu'aux lourds hoplites des guerres de l'indépendance succédèrent les peltastes d'Iphicrate, qui trouvaient les armes de leurs ancêtres trop pesantes pour leurs corps efféminés, la patrie hellénique cessa d'exister. Elle eut beau emprunter des bras mercenaires : ni la phalange macédonienne, ni les archers scythes ou les frondeurs baléares ne purent l'empêcher d'être ruinée par les légions romaines, formées dans le Champ de Mars.

La culture physique reprit un peu ses droits chez les Latins, qui surent s'assimiler le génie grec. Mais la décadence de cet empire commença lorsque les fils de la Louve, oublieux des triomphes de César et de Germanicus, ne pratiquèrent plus les exercices du corps. Les vétérans aux muscles saillants, la *torosa juventas* de Juvénal, se faisaient rares. On vit alors les légions rétrograder en deçà du Rhin devant les Bataves demi-nus ou les Chérusques qui trempaient leurs nourrissons dans l'eau glacée des fleuves pour les endurcir. Les Germains s'accoutumaient à supporter les intempéries en se donnant du mouvement en plein air, en lançant l'angon ou maniant la framée et la francisque et en dirigeant les chevaux. Ils acquéraient ainsi la force, l'adresse et l'audace. Les Romains dégénérés étaient à demi vaincus déjà lorsqu'ils voyaient les Barbares courir pieds nus sur les glaciers des Alpes et descendre dans les plaines de l'Italie pour leur disputer l'empire du monde.

Au Moyen Age, la culture physique proprement dite fut assez négligée, par dédain du corps, au profit d'un spiritualisme exagéré. Cependant les exercices du corps étaient l'apanage de la noblesse, dont ils constituaient la principale éducation. Le jeune bachelier devenait d'abord un écuyer lorsqu'il savait bien manier un destrier et se servir de la lourde épée. Puis il conquérait les éperons de chevalier en faisant preuve d'adresse et de courage dans les tournois et à la guerre.

Il ne faut pas nous étonner de voir la culture physique le plus souvent associée aux exercices militaires. C'est qu'en effet le rude métier des armes exige précisément des qualités que développe éminemment cette culture.

Parmi les peuples modernes, c'est, comme on sait,

la Suède qui, la première, a remis en honneur la gymnastique. C'est là aussi qu'existent les plus beaux hommes, en particulier dans les montagnes de la Dalécarlie. Sous ce rude climat, ils ont su augmenter leur énergie par la méthode de Ling, qui date déjà d'une centaine d'années et qui a fait de tels progrès, que toute la nation suédoise la pratique sans distinction d'âge ou de sexe. Aussi la moyenne de la vie humaine a-t-elle augmenté d'une quinzaine d'années dans ce pays. Les avantages moraux sont également très considérables, puisque le culte du beau est devenu populaire et que les nobles sentiments qu'il provoque se sont manifestés. La Suède renouvelle les grandes traditions de l'antiquité et son épée n'en est que plus redoutable.

La Norvège et le Danemark, une partie de la Russie ont suivi cet exemple. En Allemagne, c'est Jahn, le promoteur de la gymnastique dans ce pays, qui dès 1830 provoqua, avec un zèle patriotique, une réforme dans ce sens. L'enthousiasme fut si vif que les associations d'étudiants adoptèrent sa méthode et qu'elle fut imposée dans les écoles par les gouvernements confédérés. Cela fit partie du programme de régénération populaire et la savante Allemagne ne dédaigne en aucune façon la culture physique, qui chez elle se ressent de la rude discipline.

On sait combien la race anglo-saxonne s'adonne avec passion aux exercices du corps et aux sports. On joue au tennis, au foot-ball, au polo, etc., sur les bruyères d'Écosse comme dans les prairies d'Angleterre et d'Irlande, au Canada et partout où flotte le pavillon étoilé des États-Unis. Loin d'anémier la jeunesse par l'internat des collèges, on laisse les enfants s'ébattre et jouer en plein air le plus possible, parce que le mouvement leur est nécessaire et qu'ils ont besoin avant tout de se fortifier. L'étudiant d'Oxford ou de Cambridge passe à canoter et à faire toute espèce d'exercices corporels autant de temps qu'à disserter sur les classiques grecs et latins ou à résoudre des problèmes de mathématiques. On ne voit pas que pour cela l'Angleterre ait moins de savants que nous. L'illustre Gladstone occupait les loisirs que lui laissait le pouvoir à abattre des arbres. Ces pratiques salutaires, poursuivies pendant plusieurs générations, ont procuré à nos voisins d'outre-Manche une race vigoureuse, apte à braver tous les dangers, et qui a planté le drapeau britannique sur toutes les plages du globe. Car l'énergie s'accumule de cette façon comme une réserve indispensable qu'on retrouve aux moments périlleux.

Nous sommes bien loin, en France, il faut le dire, d'avoir réalisé ces desiderata, et les preuves en sont, hélas, trop faciles à donner. Malgré quelques réformes, nos lycées sont encore trop souvent ces « geôles de jeunesse captive » dont parlait Montaigne. Cependant, c'est à nos aïeux que l'Angleterre elle-même a emprunté beaucoup de ses jeux en plein air. Il est extrêmement nécessaire, dans une démocratie comme la nôtre, de former des citoyens forts, bons et beaux, selon l'idéal de ceux d'Athènes, de Sparte et de Rome. Or, rien n'est plus propre à cela que la culture physique méthodique. Plus la collectivité comprend d'individualités vigoureuses, plus elle vaut elle-même. Le courage et l'audace sont des vertus éminemment françaises. Or, que valent-elles sans la force physique qui les soutient? La volonté dans un corps débile est une qualité perdue. Un organisme robuste, au contraire, est fait pour être dirigé par ce vouloir qui décuple sa puissance. En définitive, c'est l'adversaire le mieux entraîné qui triomphe.

Développer notre corps afin d'en faire un instrument docile et commode pour l'accomplissement du bien, est un devoir envers nous-même et envers la société. En outre, la culture physique enseigne la tempérance. Car pour devenir un athlète, il faut éviter tout excès. Chez les Anciens, ceux qui briguaient cet honneur devaient s'abstenir du vin, de l'amour, et même suivre un régime végétarien. Ces règles subsistèrent longtemps. L'alcool procure une excitation passagère, mais nuisible. Aussi voyons-nous que les peuples qui ont entrepris la régénération de la race par les exercices physiques sont ceux qui luttent avec le plus de succès contre le fléau de l'alcoolisme. Dans les pays scandinaves, en Angleterre, en Allemagne, en Suisse, où il y avait autrefois de terribles ivrognes, la tempérance a pu faire d'indéniables progrès depuis que la gymnastique y est devenue populaire. En Bavière, la consommation de la bière a diminué de près d'un tiers ces dernières années, et les brasseurs de Munich, d'accord avec l'opinion publique, attribuent ce résultat à la pratique des sports qui s'est généralisée dans ce pays.

Ces raisons suffiraient à elles seules pour justifier la culture physique. Mais il en est encore d'autres qui montrent qu'elle est directement utile. On veut perfectionner toutes les machines. Or, n'est-il pas logique de commencer par celle qui nous touche de plus près et qui est sans cesse à notre disposition, je veux dire notre propre corps? En outre, on a fait ressortir combien on a tort de négliger la race humaine, alors qu'on cherche à obtenir des chevaux ou des chiens bien entraînés et bien dressés. Croit-on qu'il soit moins nécessaire d'avoir soi-même une bonne santé et des muscles solides, de mettre en valeur ce capital donné à chacun de nous par la nature? Sans compter qu'il est nombre de circonstances où la force et l'agilité peuvent nous permettre de préserver notre vie ou celle d'autrui.

Développer le cerveau au détriment du corps est un abus dont les conséquences se font fatalement sentir. D'ailleurs, le système nerveux lui-même fonctionne d'autant mieux que les autres parties de l'organisme sont saines et bien développées. C'est le contrepoids nécessaire à la culture intellectuelle trop intense à laquelle nous nous soumettons si souvent, par suite des exigences de la vie. Aussi la neurasthénie, cette peste nerveuse moderne, comme l'appelle avec juste raison le docteur Baumgarten, fait-elle des progrès effrayants (¹). Or, c'est un fait qu'on ne peut guérir cette affection

---

(¹) *La Neurasthénie, sa nature, sa guérison, sa prophylaxie,* par le Dʳ BAUMGARTEN. Ouvrage traduit de la 4ᵉ édition allemande, par le Dʳ BONNAYMÉ. Maloine, éditeur. Paris. 1907.

sans s'astreindre à des exercices physiques bien dirigés. En particulier, le mal de tête ou cette sensation spéciale de vide dans le cerveau, l'insomnie et les troubles digestifs sont des symptômes neurasthéniques qui disparaissent assez rapidement de cette façon. Il en est de même de la faiblesse musculaire. De plus, ce traitement tempère l'exagération de la sensibilité et rétablit l'équilibre psychique. Pour commander à ses nerfs, il n'y a rien de tel que d'avoir à son service un organisme discipliné et qui exécute les mouvements avec précision.

Non seulement la culture physique combat efficacement les fléaux dont nous avons parlé, mais encore elle fournit le meilleur moyen de lutter contre la tuberculose. Il faut d'abord chercher à prévenir celle-ci. Or elle envahit difficilement des poumons qui fonctionnent à l'aise dans une cage thoracique normale. Le bon sens et la science indiquent que plus on fortifie ces organes, moins ils sont exposés à devenir malades, et il est certain que si la culture physique était plus répandue, s'il y avait moins de poitrines étroites et déformées, le tribut formidable que la France paie chaque année à cette affection serait diminué dans des proportions considérables, sinon complètement supprimé. C'est pourquoi M. Clause insiste avec raison sur les exercices respiratoires qui empêchent les maladies de ces organes.

Les services rendus par des mouvements appropriés dans un grand nombre d'affections, dans celles de l'estomac ou des intestins, dans l'arthritisme (rhumatisme, obésité, diabète, etc.), dans les atrophies, les déviations et dans un grand nombre de maladies nerveuses, sont assez connus pour que je n'aie pas à m'étendre sur ce traitement, souvent seul efficace. Il n'est pas jusqu'aux affections du cœur dans lesquelles il ne soit très utile de faire certains exercices physiques sous la direction d'un médecin connaissant bien cette méthode. Enfin, si l'on veut combattre les effets de l'âge, il n'y a rien de tel que de faire travailler méthodiquement ses muscles. Car on reste jeune tant que les artères et les articulations sont souples, ce qui s'obtient par les exercices que nous préconisons et dont il est facile de comprendre la nécessité.

L'immense valeur de la culture physique bien dirigée est en effet une chose évidente : le mouvement est aussi indispensable au corps que le boire et le manger, puisque l'alimentation elle-même n'a d'autre but que d'entretenir la vie, c'est-à-dire la faculté d'agir. Or, de même qu'on rejette une nourriture grossière et mal apprêtée, de même la qualité des exercices a une importance de premier ordre.

La santé ne s'achète pas, elle s'acquiert par l'effort modéré et continu. Nombreux sont les exemples d'individus venus au monde avec une constitution faible, un thorax trop étroit, une prédisposition à l'anémie et à la tuberculose, et qui ont pu malgré cela se procurer un organisme sain, grâce à un bon entraînement. La femme, qui délaisse trop ces exercices, devrait être la première à les apprécier. Car ils peuvent lui donner la beauté dans sa plénitude.

Cette étude est aussi noble que celle de n'importe quelle science. Le professeur de culture physique qui nous procure les avantages que nous avons signalés, mérite toute notre reconnaissance. Si l'on veut développer le goût de cette culture, il faut donc former des maîtres et leur accorder toute la considération qui leur est due pour le rôle éminemment utile qu'ils remplissent dans la société. Trop longtemps ces pratiques ont été abandonnées à des empiriques. Mais aujourd'hui elles sont devenues raisonnées et elles ont acquis une perfection dont l'ouvrage de M. Clause, fait d'après les données les plus scientifiques, et qui résume en quelque sorte tous les travaux antérieurs, donnera une idée.

En outre, il faut organiser des concours dans lesquels des récompenses très appréciables seraient réservées aux vainqueurs, et même on devrait attribuer des coefficients très importants à ces exercices dans les examens d'admission aux grandes écoles du gouvernement. Ce programme n'a rien d'exagéré. Car il est réalisé en Suède, où la gymnastique tient une place considérable dans les occupations ordinaires de la vie. Dans ce pays, l'officier lui-même est un maître de gymnastique et il s'honore de ce titre très recherché. En y réfléchissant, on voit qu'il est parfaitement justifié pour des militaires. Or ces progrès ne sont nullement pour nous une chose inaccessible.

C'est surtout dans l'éducation des enfants qu'il y aurait de très sérieuses réformes à faire. La somme de travail intellectuel qu'on exige d'eux, même lorsqu'ils

sont très jeunes, est réellement excessive. A notre
époque où tout le monde réclame la journée de huit
heures, où les professeurs eux-mêmes ont au plus
quinze à vingt heures de classe par semaine, comment peut-on forcer nos lycéens à étudier de 5ʰ30 ou
6 heures du matin à 8 ou 9 heures du soir, avec deux
heures et demie à peine de récréation par jour ? Encore
y a-t-il souvent des retenues ou des cours supplémen-
taires qui restreignent ces quelques moments de
liberté. Je me rappelle sans enthousiasme mon séjour
au lycée Louis-le-Grand, à Paris, où le seul exercice
physique que nous faisions consistait à tourner tout
autour d'une grande cour carrée. J'ai connu de mes
camarades qui ne sortaient pas de toute l'année, afin
de mieux préparer leurs examens. D'autres sont restés
enfermés au lycée depuis l'âge de cinq ans jusqu'à dix-
huit, sans avoir vu Paris, sauf pendant les maussades
promenades du dimanche et du jeudi, faites sous la
conduite d'un maître !

Sans doute, les constitutions très robustes peuvent
résister à un pareil régime. Mais c'est une loi établie
par Darwin que tout organe qui ne fonctionne pas suffisamment, finit par s'atrophier. Et à voir dans quelles
proportions très notables se développe le système musculaire en quelques semaines d'exercices méthodiques,
on peut affirmer que ceux qui négligent ces soins sont
voués fatalement à la déchéance physique. En sup-
posant qu'ils puissent eux-mêmes y échapper, ils ne
transmettront à leurs descendants qu'une constitution
affaiblie. Pour moi, lorsque j'étais au lycée, je ne dé-

daignai pas la gymnastique et je m'en trouvai tres bien.

Faut-il s'étonner, d'après ce que nous avons exposé, que nos écoles soient trop souvent des pépinières de neurasthéniques? Les premières notions des sciences et des arts sont précisément les plus difficiles à étudier et le surmenage intellectuel qui en résulte est d'autant plus intense. A moins que l'humanité n'ait en perspective de devenir semblable à ces habitants du soleil dont parle Cyrano de Bergerac: ils étaient tellement civilisés que leur cerveau avait acquis des proportions démesurées et qu'ils ne pouvaient plus soutenir leur tête. En tout cas, les professions libérales gagneraient à ce qu'on s'y prépare d'une façon moins hâtive et moins exclusive.

D'ailleurs, la culture physique profite davantage à l'esprit que bien des études dont on surcharge inutilement les programmes. En donnant une direction plus pratique à l'enseignement, on apprendrait mieux et plus vite. Il serait très facile de trouver le temps nécessaire pour développer le corps. Mais pour cela il ne faudrait pas que les réformes consistassent toujours à supprimer et à rétablir tour à tour les mêmes programmes!

Ces revendications ont été faites il y a déjà près de vingt-cinq ans. Il ne semble pas cependant que les choses aient beaucoup changé depuis lors. Après quelques timides essais on s'est arrêté, puis la routine a repris le dessus. On n'a pas manqué de faire valoir contre la culture physique certaines exagérations qui ont été commises. Mal comprise parfois, elle n'a pas toujours donné tous les résultats qu'on en attendait et ses adversaires ont eu beau jeu pour dénigrer et tourner en ridicule une chose excellente en elle-même. La conclusion que nous devons en tirer est qu'on n'a pas voulu sérieusement développer la culture physique.

Le manuel de M. Clause est fait précisément pour remettre les choses au point et combattre de si dangereuses erreurs. Il montre avant tout que ces exercices exigent une étude raisonnée et il insiste sur le rôle qu'y jouent l'intelligence et la volonté. En s'attachant à développer l'initiative chez l'élève, il fait de lui un adepte convaincu. En outre, ces exercices sont très simples, tout en étant parfaitement scientifiques, et ils ne fatiguent jamais. Le perfectionnement consiste à faire exécuter plus naturellement, plus aisément ce que nos devanciers accomplissaient avec difficulté. Tous ces mouvements se font sans appareils, sauf des haltères assez légers. Après avoir suivi ces leçons, l'élève ne sera pas un champion du monde. Mais il aura un système musculaire dont toutes les parties auront été améliorées et il sera dans d'excellentes conditions pour entreprendre une culture spéciale s'il le désire et s'il a l'étoffe nécessaire pour cela. En attendant, il aura réalisé toute la beauté dont son corps est susceptible.

Cette méthode bénéficie de l'ensemble des progrès accomplis jusqu'ici en ce qui concerne la gymnastique. Elle s'adresse à tout le monde, tandis que l'acrobatie doit être réservée à certaines professions. Mais c'est travailler à rebours que de commencer par celle-ci. Elle n'a rien de commun avec la culture physique et, de fait, depuis le temps qu'on pratique l'acrobatie, elle n'a eu aucune influence pour améliorer la race. Au contraire, beaucoup d'individus ont été déformés par ces mouvements antiphysiologiques. Car ils rompent l'équilibre du système musculaire. De même, dans certains matchs, on veut obtenir la victoire par tous les moyens, on prépare les sujets pour des efforts violents, mais de courte durée, on désire des « performances » au lieu de « formes ». Aussi la plupart de ces champions ne sont-ils pas, à proprement parler, de beaux hommes. Enfin, l'idée qu'ils n'arriveront jamais à exécuter certains exercices très difficiles est singulièrement décourageante pour les débutants, et c'est ce qui éloigne beaucoup de personnes de la culture physique.

Ce que nous venons de dire de l'acrobatie s'applique également aux sports qui développent certains muscles au détriment des autres. Ce n'est pas à dire qu'il faille négliger ces exercices, loin de là. Mais la base est la culture physique. Que dirait-on d'un mathématicien qui étudierait les derniers livres de la géométrie avant les premiers, l'algèbre avant l'arithmétique, ou qui voudrait résoudre un problème sans connaître les théorèmes dont il a besoin pour cela ?

La méthode de M. Clause est aussi l'opposé de tous ces procédés au moyen desquels on fait exécuter au corps des mouvements qui ne conviennent pas à sa structure. Il faut, au contraire, développer les muscles dans le sens normal, tenir compte de leur situation et de l'action particulière à chacun d'eux. Car parmi tous les systèmes de culture physique, il ne peut y en avoir qu'un seul de bon, celui qui est scientifique, c'est-à-dire fondé sur l'anatomie et la physiologie. Ce système est aussi le seul qui soit susceptible de progrès et qui permette à l'élève de devenir lui-même un maître, s'il veut s'en donner la peine.

La gymnastique suédoise est la base de cette méthode, parce qu'elle est elle-même scientifique. Mais ce serait nier tout progrès que de prétendre qu'il faut s'en tenir aveuglément aux exercices indiqués par Ling. C'est ce que font certains de ses partisans fanatiques. Nous reconnaissons volontiers que la gymnastique suédoise est définitive sur beaucoup de points. Mais, comme le fait ressortir M. Clause, elle préconise surtout des mouvements d'ensemble, elle les individualise peu. Or c'est précisément un des côtés les plus intéressants de la culture physique, de prescrire à chacun les mouvements dont il a le plus besoin, selon la structure particulière de son organisme, afin d'en corriger directement les défauts. En outre, la gymnastique suédoise exige beaucoup de patience, une lenteur, une passivité, une monotonie dont s'accommode peu notre tempérament français. Cette méthode n'est donc pas absolument intangible et on peut la modifier avantageusement sur certains points, en conservant d'ailleurs tout ce qu'elle a d'excellent.

En culture physique il ne peut y avoir d'invention proprement dite. Lever ou abaisser les bras ou les jambes, par exemple, sont des mouvements que l'on a exécutés de toute antiquité. Mais le but qu'on assigne à ces exercices, la manière plus aisée de les accomplir peuvent être des choses nouvelles et meilleures. En un mot, il s'agit d'utiliser nos muscles d'une façon plus avantageuse et d'arriver plus vite à les développer. Tels sont les progrès réalisés par ce manuel.

Il est encore un point sur lequel je désirerais insister et auquel il ne semble pas qu'on ait attaché jusqu'à présent l'importance qu'il mérite. Je veux parler des applications d'eau qu'il est d'usage de prendre après chaque séance d'exercice physique. M'occupant depuis longtemps d'hydrothérapie et des méthodes de traitements naturels ([1]), je crois utile de signaler ici quelques règles pour l'emploi des douches. Car il n'est pas de meilleur complément à la culture physique que de faire ruisseler sur son corps une eau bienfaisante qui achève de faire circuler le sang. D'autre part, le mouvement qui réchauffe l'organisme est une préparation indispensable à la douche. On voit d'après cela que l'exercice et les applications d'eau sont deux choses inséparables et qu'elles procurent au même degré l'endurcissement du corps. Il n'est rien de plus directement utile à la santé et le profit est double lorsqu'on emploie à la fois ces puissants moyens. Mais je vois si souvent commettre des erreurs à cet égard que je ne saurais trop insister sur les points suivants :

1° Il faut avoir soin de toujours bien se réchauffer

([1]) Voir mes articles dans la *Revue générale de la Méthode Kneipp*, du 1er février 1903 au 1er décembre 1907, et ma traduction de l'ouvrage du Dr BAUMGARTEN : *Un Progrès de l'hydrothérapie*. Paris, 1901. Masson, éditeur.

en faisant assez de mouvement avant et après chaque application d'eau froide. C'est ce qu'on appelle la réaction, principe devenu fondamental en hydrothérapie. Il faut donc faire de l'exercice pendant vingt minutes au moins avant et après la douche ou le bain froid ;

2° On se servira d'une eau pure, aussi fraîche que possible. L'eau chaude ou tiède ne produit pas de réaction. Elle flatte certains tempéraments, elle ne corrige pas leurs défauts et elle doit être réservée à quelques cas assez rares dans lesquels il faut suivre une technique spéciale. L'eau froide raffermit les tissus, les tonifie et conserve la beauté ;

3° On devra varier les applications, c'est-à-dire ne pas prendre toujours la même, autrement le corps s'y habitue et elle ne produit plus d'effet, sans compter qu'en attirant constamment le sang vers les mêmes régions, on les congestionne et on détruit l'équilibre circulatoire.

La douche la plus employée est la douche avec pression, appelée aussi « douche à la française » ou « douche fulgurante ». C'est une application totale, c'est-à-dire qu'elle mouille le corps entier, sauf la tête, qui n'a, en général, pas besoin d'être arrosée, attendu qu'étant constamment à l'air, elle est naturellement endurcie.

La douche fulgurante est certainement une des meilleures applications, principalement pour les obèses qui doivent la prendre chaque jour. Mais pour les autres personnes, il est bon de l'alterner avec les affusions. Elle n'est pas à conseiller aux neurasthéniques et à ceux qui souffrent de la tête, du moins au début du traitement. Car elle ébranle trop fortement le système nerveux.

En général, il est préférable de commencer par les affusions d'eau froide. Elles s'administrent au moyen d'un tube de caoutchouc de 1ᵐ50 de longueur et de 20 à 22 millimètres de diamètre intérieur et d'où l'eau s'écoule en un jet à peu près sans pression, qui s'étale en nappe uniforme sur la peau. Les principales affusions sont celles des bras, des genoux, des cuisses, l'affusion totale, l'affusion supérieure et la dorsale. On les emploiera tour à tour, c'est-à-dire tantôt l'une, tantôt l'autre, mais une seule à la fois. On commence ordinairement par les plus légères, pour n'arriver qu'au bout d'une semaine ou deux aux plus fortes, telles que l'affusion totale, la supérieure et la dorsale. On peut aussi prendre des demi-bains froids de six secondes et une ou deux fois par semaine le bain de siège froid d'une minute. L'avantage des applications partielles est de rafraîchir le corps autant qu'une douche totale ou un bain complet, sans congestionner la tête et sans fatiguer le système nerveux. Pour tous ces procédés il faut suivre exactement la technique appropriée (¹);

4° Après la douche ou le bain, on se rhabille très

---

(1) Voir mes « Conseils pratiques pour la cure d'eau », *Revue générale de la Méthode Kneipp,* 1ᵉʳ juillet 1926.

promptement en couvrant d'abord la plus grande partie du corps, et il ne faut pas s'essuyer. Beaucoup de personnes ne comprennent pas la raison de cela. Or s'essuyer, c'est frotter et ce faisant, on appuie d'une façon inégale, on refoule à l'intérieur le sang qui vient affluer en abondance à la peau, en un mot, on trouble l'uniformité de la réaction, chose qu'il faut au contraire chercher à obtenir afin que la circulation soit normale. De plus, si l'on s'essuie, on reste nu plus longtemps et l'on risque davantage de se refroidir. L'humidité persiste très peu de temps sur la peau et la buée qu'elle produit s'échauffe au contact du corps et favorise la réaction. Cela s'obtient encore mieux lorsqu'on porte une chemise de toile grossière au lieu d'un linge fin, nuisible à l'aération de la peau. Car celle-ci respire aussi. C'est elle qui échauffe les vêtements, dont le rôle consiste à empêcher ce calorique de s'échapper.

Lorsqu'on n'a pas à sa disposition ce qui est nécessaire pour prendre des affusions ou des bains, on peut se contenter de faire une lotion à l'eau froide, avec un linge, en suivant les règles que nous venons d'indiquer, c'est-à-dire ne pas s'essuyer et faire la réaction. Il est vrai que les affusions elles-mêmes peuvent s'administrer au besoin avec un simple arrosoir d'une douzaine de litres.

La supériorité de cette méthode hydrothérapique sur l'ancien système, qui n'use guère des applications partielles ou qui n'emploie certaines d'entre elles que d'une manière trop uniforme, est manifeste.

Ces avantages consistent en ce que :

1° La technique de toutes les applications d'eau a été perfectionnée ;

2° Leur durée a été considérablement réduite, jusqu'à six secondes pour les bains et une minute au plus pour les affusions ;

3° L'usage fréquent des affusions et la variété de celles-ci permettent d'agir tour à tour sur toutes les parties du corps et d'individualiser beaucoup mieux le traitement ;

4° Enfin, le principe de la réaction indique nettement dans quelles limites et comment on peut employer l'eau froide, afin qu'elle soit salutaire.

La valeur de la méthode nouvelle apparaît encore mieux si l'on considère l'historique. Le livre du Dr Baumgarten, que nous avons traduit, renferme à cet égard une quantité très considérable de documents dont un grand nombre étaient ignorés ou délaissés. Il trace un tableau pittoresque de la cure de Priessnitz au commencement du siècle dernier et j'ai moi-même publié une étude sur ce sujet ([1]). Cette cure a été abandonnée, parce que trop rude. Il est remarquable que les progrès réalisés après tant de siècles en hydrothérapie comme en culture physique se résument de la façon suivante : « Plus l'eau ou les exercices sont employés d'une manière simple, plus ils agissent. »

Il est enfin un avantage que l'on retire encore de ces

([1]) *Revue générale de la Méthode Kneipp,* du 1er octobre 1906.

excellentes pratiques. C'est que le corps se meut en liberté sans être gêné par les vêtements. Pendant la leçon de culture physique on ne porte ni chapeau qui empêche l'aération du cuir chevelu, ni col trop serré. ni pour la femme ce corset ou ces liens étroits chargés avec raison de tant d'anathèmes par tous les médecins, ni souliers qui déforment les pieds. On peut dire que notre costume actuel n'est qu'un reste de la barbarie du Moyen Age et qu'il n'a pas peu contribué à rendre de plus en plus rares parmi nous les superbes modèles de l'antiquité. Au contraire, les exercices de culture physique se font le corps presque nu, ceint uniquement d'un léger caleçon. On prend ainsi un excellent bain d'air, sans risquer de se refroidir, puisqu'on se réchauffe constamment par les mouvements qu'on fait. Si l'on peut exécuter les exercices au soleil, cela vaut encore mieux, attendu que les bains de soleil comptent parmi les plus puissants moyens hygiéniques et thérapeutiques.

N'aurait-elle pour effet que de propager ces idées saines, que la culture physique serait déjà une excellente chose. Mais ceux qui ont goûté à ces pratiques y restent fidèles. Car elles excitent au plus haut degré la vitalité, elles procurent les plaisirs les plus vifs et les plus sains qu'on puisse éprouver, et il est très facile de conserver les résultats acquis, de s'assurer une vieillesse exempte d'infirmités et une prolongation d'existence que j'estime pouvoir aller jusqu'à quinze ou vingt ans.

Ces résultats valent bien quelques efforts et on est

fier de les avoir acquis par soi-même. D'ailleurs, les exercices que préconise M. Clause ne sont jamais nuisibles. Au contraire, après chaque leçon, la poitrine se dilate mieux, un sang purifié et rajeuni circule dans les veines. C'est à peine si, les premiers jours, il y a une certaine réaction dans l'organisme sous forme d'une légère crise dont je dois dire quelques mots. Ce sont des espèces de courbatures, des douleurs fort supportables dans les membres, parfois un peu d'excitation, puis des urines chargées. Mais ces phénomènes sont très passagers. Ils sont même nécessaires pour vaincre la rouille de l'organisme et éliminer les principes morbides qu'il peut contenir. Il n'y a donc jamais lieu de s'en inquiéter. Toutefois, je conseillerai de se livrer aux exercices de préférence le matin, alors que le corps est reposé, ou dans l'après-dîner, vers 4 ou 5 heures du soir. Si l'on fait beaucoup de mouvement tout de suite après un repas, ou trop tard dans la soirée, cela peut troubler la digestion ou procurer un peu d'insomnie.

J'ai bon espoir que le public et les médecins accueilleront l'ouvrage de M. Clause avec la faveur qu'il mérite. Mes confrères y trouveront une application rationnelle des données anatomiques et physiologiques et il ne leur sera pas difficile de voir quel parti énorme ils peuvent tirer pour leur art de ces pratiques trop longtemps délaissées. Le livre de M. Clause permet de connaître rapidement ces détails. Il s'inspire des travaux très estimés que le Dr Lagrange a publiés sur la physiologie des exercices du corps.

Le public appréciera l'ingéniosité et la perfection de cette méthode d'entraînement qui donne promptement des résultats. Elle a déjà formé beaucoup d'admirables athlètes et M. Clause veut mettre à la portée de tous les bienfaits de la culture physique. C'est là une œuvre d'une très haute valeur sociale et qui est patriotique au premier chef.

Dʳ BONNAYMÉ,

Médecin de l'École de culture physique,

19, place Bellecour, à Lyon.

NÉCESSITÉ D'UNE CULTURE PHYSIQUE RATIONNELLE ET INTÉGRALE

De toute évidence, les esprits cultivés deviennent de plus en plus favorables aux méthodes de développement du corps ; cette question est actuellement tout à fait à l'ordre du jour ; de même dans la jeunesse, la mode est toute aux sports et exercices physiques. C'est un véritable engouement dont le début remonte à l'avènement de la bicyclette et qui prit rapidement une extension considérable. Après un emballement exagéré pour les sports de plein air, on reconnut que leur pratique inconsidérée n'est pas sans présenter certains inconvénients et certains dangers. Des savants, des médecins surtout, étudièrent les effets du mouvement, la physiologie des exercices. Actuellement, ces questions très intéressantes sont en partie résolues et les écrivains actuels sont surtout préoccupés de vulgariser ces nouvelles vérités, de tirer les conclusions pratiques de ces études, d'envisager les résultats qu'on peut obtenir par les différentes méthodes de culture physique. Après les ouvrages scientifiques des docteurs Lagrange, Tissié, Rouhet, paraissent ceux du professeur Desbonnet, du journaliste Surier, du docteur Ruffier, du major Lefébure de Bruxelles, du commandant Coste, de Joinville : les anciennes méthodes de gymnastique aux agrès, méthodes allemande et française, ou acrobatiques et qui sont plutôt une application de la force qu'un moyen de la développer, cèdent le pas à la méthode suédoise ou de Ling, et c'est justice. Concurremment à la gymnastique suédoise, inconnue du reste en ses principes fondamentaux de la plupart de ceux qui prétendent l'enseigner, nous en trouvons une autre qui offre avec elle beaucoup d'analogie, c'est la méthode des poids légers, d'Attila et Sandow, son élève, vulgarisée à Lille, puis à Paris, par le professeur Desbonnet, avec quelques additions. Cette méthode admet une plus grande variété dans les appareils. Très puissante, très athlétique, elle s'adresse plutôt à des personnes qu'à des collectivités, et arrive ainsi à des résultats plus rapides, donc plus satisfaisants pour ses adeptes. Elle doit éviter, selon nous, — et c'est ce que l'on a compris à l'école de Lyon — de cultiver trop exclusivement le muscle, de chercher un développement trop rapide au détriment de la résistance future et de la force nerveuse du sujet. Les exemples actuels d'athlètes bien connus, tels que Hackenschmidt et Pendour, sont là pour le prouver. Par vanité et amour-propre, le sujet désire un développement musculaire rapide. Il se surmène, s'épuise, et sa santé est parfois compromise pour longtemps.

Mais, direz-vous, pourquoi ne pas se contenter des sports ? N'est-ce pas la façon la meilleure d'augmenter sa force et sa santé sans fatiguer le système nerveux, puisqu'ils sont récréatifs, point très important? L'effort agréable n'est-il pas moins fatigant et plus fécond en résultats? et le vieux dicton français : au bel air pur, jeu vif et libre, esprit et corps bien équilibrés, n'est-il pas toujours juste? Pourquoi rêver un développement intégral du corps, cela est-il donc bien nécessaire? Ces réflexions sont souvent accompagnées d'un sourire sceptique quelque peu railleur, montrant que la vieille légende du cancre, premier prix de gymnastique, n'est pas encore effacée de tous les esprits. Oui, la culture physique intégrale est nécessaire, et nous allons essayer d'en donner les raisons. Ce sera même le principal intérêt, le but essentiel de cette introduction.

1° Tout d'abord, la culture physique intégrale et rationnelle est *fonction de santé*. Le corps humain est une machine vraiment merveilleuse et l'imagination n'a pu trouver de forme plus belle, puisque la divinité est communément représentée sous des traits humains. Eh bien, le simple bon sens, le raisonnement le plus élémentaire, suffisent à démontrer que le développement harmonieux de toutes les parties qui le composent doit être favorable à son bon fonctionnement. Il apparaît évident, *a priori,* qu'un corps bien développé, sans exagération, donnera une meilleure santé à celui qui le possède, parce que la nourriture, le sang mieux répartis, plus également distribués, donneront un meilleur équilibre de la force vitale, résultante des fonctions de tous les organes du corps, muscles et viscères, et de la force nerveuse. Si la partie supérieure du corps est seule développée, contrastant avec des jambes grêles en tuyau de flûte et un abdomen en besace, la santé ne peut qu'en souffrir; de même si le cerveau hypertrophié travaille seul et exagérément. Platon, qui fut si grand par l'intelligence, ne dédaignait pas les luttes de l'arène, et la couronne ceignit plus d'une fois son front victorieux. Pascal, livré entièrement à la méditation et au travail de la pensée, sombra dans la folie. Les intellectuels, les commerçants, les employés de bureau, les comptables, pour méconnaître cette loi du juste équilibre, fournissent de nombreux cas de dyspepsie et de neurasthénie. Les affections qui relèvent de l'arthritisme : lithiase biliaire et rénale, migraine, obésité, rhumatisme, goutte, diabète... si fréquentes actuellement qu'un humoriste a pu dire que l'humanité tournait à l'aigre, sont dues incontestablement à l'abus d'alcool et d'alimentation carnée d'une part, de l'autre, au surmenage intellectuel et au manque d'exercice hygiénique. Cet exercice aurait pour effet de mieux oxygéner le sang, d'activer les combustions au sein des tissus, les échanges organiques, de mieux brûler les déchets pour qu'ils soient, par les émonctoires, plus facilement éliminés. La circulation du sang sera meilleure dans un corps bien exercé, plus régulière, et l'exercice lui-même, en attirant le sang dans les muscles, c'est-à-dire à la périphérie, en favorisant l'amplitude de la respiration et par suite la circulation pulmonaire, a incontestablement un effet hypotenseur très net, comme l'admet le docteur Huchard. Or, nul n'ignore que l'artério-sclérose, cette rouille de la vie, est très fréquente, même à un âge moyen, et que l'hypertension la précède presque toujours. Les exercices spéciaux, surtout de plancher, en donnant une sangle abdominale parfaite, qui ne devra rien à Glénard, faciliteront le travail de la digestion et de l'assimilation, et rendront tout effort facile et agréable. En fortifiant ainsi les attaches inférieures du diaphragme, la respiration sera également améliorée. D'ailleurs ce bon effet d'une culture physique harmonieuse et rationnelle est si évident qu'en Suède, depuis l'adoption systématique de la méthode de Ling, à tous les degrés de l'enseignement, c'est-à-dire depuis deux générations, la durée moyenne de la vie a augmenté en même temps que la taille s'élevait, et que diminuait le nombre des réformés au service militaire.

2° De plus, une méthode scientifique de développement corporel est encore *nécessaire pour pratiquer les sports* qui, comme la gymnastique aux agrès, constituent plutôt un mode d'application de la force, qu'un moyen de l'acquérir ou de la développer. En effet, pris isolément, ils n'aboutissent qu'à un développement partiel : le cyclisme développe les jambes, la boxe les bras et la poitrine, l'escrime l'agilité, la précision, la respiration, mais au détriment de la rectitude de la colonne vertébrale et de la force nerveuse trop mise à contribution ; le football rugby est un sport excellent, mais il exige de ceux qui le pratiquent une force et une résistance très grandes, apanage des sujets d'élite ; la gymnastique aux agrès néglige les jambes et les muscles de la ligne de la ceinture, les plus importants peut-être de l'économie et presque toujours négligés.

Ces muscles, chez la femme, sont particulièrement dégénérés ou envahis par l'adiposité, et dans un état voisin
de l'atrophie ; la raison en est la sédentarité, le manque
d'exercice, et surtout l'abus, le mauvais emploi du
corset. Par une monstrueuse aberration du goût, la
mode a imposé cette coutume déplorable, ultime res-
source des personnes mal faites, qui contribue certainement pour une grande part à la faiblesse proverbiale
de la femme. Beaucoup en reconnaissent volontiers les
inconvénients, rares sont celles qui ont le courage assu-
rément méritoire de rompre avec cette coutume ridicule, source de faiblesse, de laideur aussi, parce qu'elle
va à l'encontre des règles de la beauté plastique chez
la femme, ennemie des lignes et des contours heurtés.
Combien de ptoses, de reins déplacés, de migraines, de
dyspepsies, de menstruations douloureuses, d'accou-
chements laborieux, n'ont pas d'autres causes ! Mettez
en face de l'admirable plastique de la *Vénus de Milo* ou
de la *Cnidienne* de Praxitèle, la taille mince, rigide, s'élar-
gissant en amphore au niveau des hanches, d'une de
nos élégantes, et concluez. Les muscles abdominaux :
grands droits, obliques et transverses, presque toujours
insuffisants, doivent être développés avec le plus grand
soin. Or, pour arriver à ce résultat, rien n'est compa-
rable aux exercices de plancher, ou aux mouvements
de flexion et d'extension à la bomme et au banc dans
la gymnastique suédoise. Ils produisent réellement des
effets surprenants et nous connaissons plusieurs cas de
hernie guéris complètement par la pratique de ces
exercices. En résumé, de tous les sports, aucun ne peut

donner un développement intégral. Ils peuvent naturellement se compléter les uns les autres, mais qui peut espérer avoir des loisirs suffisants pour les pratiquer tous. Il apparaît donc nécessaire, par une culture générale, d'arriver à un développement complet avant de se livrer aux sports : ils deviendront alors d'une pratique beaucoup plus facile et beaucoup plus agréable, car ils seront moins fatigants et on y recueillera plus de succès.

3° En même temps que se pratiquera cet entraînement préventif, il sera de tout point excellent de donner à l'élève des notions d'anatomie et de physiologie, succinctes évidemment, mais claires et nettes, et qui seront pratiquement suffisantes. Il nous semble nécessaire que le futur athlète ait des idées précises sur la physiologie appliquée au mouvement, sur le surmenage, la courbature, l'essoufflement, l'intoxication produite par un exercice exagéré, la fatigue générale et locale. C'est ce qui est fait avec un louable souci à l'école de Lyon. Ces notions, connues d'un trop petit nombre, se trouvent exposées dans les ouvrages du docteur Lagrange qui devraient être dans les mains de tous ceux qui font du sport, et dont le mérite ne saurait être porté assez haut. Ainsi le jeune athlète, connaissant les rouages divers du corps humain, la manière dont ils fonctionnent, comprendra mieux les dangers du surmenage, les bienfaits d'un entraînement sagement réglé, d'un exercice régulier complété par l'hydrothérapie. Il pourra suivre à meilleur escient, d'autant plus fidèlement qu'il en comprendra la raison et l'importance, les prescriptions d'un régime hygiénique. Il sera jusqu'à un certain point son propre médecin. jugera mieux et appréciera mieux les autres, pourra agir en matière d'athlétisme sur sa famille, ses proches, ses amis avec plus d'autorité et de réelle compétence. Il courra beaucoup moins de risques de se surmener. de s'épuiser, d'avoir des ruptures musculaires, un cœur forcé, de contracter des affections pulmonaires, car, assagi et instruit, il restera toujours en deçà des limites de sa force sans les dépasser jamais. Qui ne comprend les avantages immenses sur l'individu et sur la race d'un pareil enseignement physique qui serait comme les humanités corporelles, moins nécessaires que les autres si l'on veut, puisque l'esprit doit évidemment conserver sa prépondérance, mais très utile toutefois. L'amélioration de la race humaine dégénérée est-elle donc moins nécessaire que celle des animaux, et jusqu'à quand verra-t-on cet étrange défi au bon sens, à savoir des gouvernements consacrant près de dix millions au développement de la race chevaline, et pas même un demi-million pour l'éducation physique des jeunes Français ?

4° Nous disons aussi : que la culture physique est nécessaire *pour la formation harmonieuse du corps,* laquelle est indispensable à la beauté plastique. La beauté plastique fut un véritable culte pour les anciens Grecs, surtout au moment où leur puissance atteignit son apogée, à l'époque des jeux olympiques, et si le christianisme, vainqueur de Rome décadente et des dieux du paganisme, méprisa ostensiblement à ses origines le corps et ses représentations, c'est-à-dire les chefs-d'œuvre de la statuaire grecque, il semble bien qu'actuellement cette idée subisse un renouveau. Ce mouvement, d'après nous, sera durable et deviendra l'aube de la Renaissance physique que nous désirons. Le cri d'angoisse du génial Leconte de l'Isle :

> L'impure laideur est la reine du monde
> Et nous avons perdu le chemin de Paros

a déjà moins sa raison d'être. La *Vénus de Milo*, « ce marbre immortel venu du pays des dieux » (A. SYLVESTRE), a des admirateurs de plus en plus nombreux et conscients ; les œuvres de Praxitèle, Phidias, Michel-Ange, Canova, pour ne citer que les Anciens, sont de plus en plus connues du public, et les poses plastiques sur les scènes de théâtre, dans les casinos, imitant les chefs-d'œuvre de la statuaire, nous reposent des chansons où trop souvent l'ineptie le dispute à l'obscénité. Or la culture physique bien comprise (gymnastique suédoise pure et jeux pour l'enfant, gymnastique suédoise plus athlétique et plus variée, avec poids légers, exercisers et appareils pour l'adulte) est la mieux qualifiée pour donner des jeunes gens harmonieusement développés qui renouvelleront dans notre pays les traditions de la Grèce antique.

5° Mais de ce développement harmonieux il résultera inévitablement une *force plus grande,* une force venant non des nerfs et par suite intermittente, précaire, de commande, mais d'un sang plus riche et de muscles plus puissants. On cherchera avant tout à donner une sangle abdominale parfaite et une cage thoracique aussi vaste que possible. Les jambes, vrais piliers du corps humain, seront développées avec plus de soin, car d'elles presque toujours et des muscles abdominaux vient la plus grande force dans bien des exercices. Pas de points faibles dans un corps ainsi développé, car de même qu'une chaîne n'est pas plus résistante que le plus faible de ses anneaux, le corps lui aussi n'est pas plus fort que sa partie la plus faible. Ce résultat, secondaire pour nous, d'augmentation de la force, ne devra pas être recherché. Le développement musculaire n'est pas le but, mais le moyen, le moyen d'augmenter la beauté et la santé ; seulement la force en découle fatalement, voilà tout. Et à ceux qui objecteront le manque de loisirs pour s'entraîner, nous répondrons par cette parole de Gladstone : celui qui consacre chaque jour quelques instants au développement de son corps, s'acquiert un capital impérissable.

6° Cette culture du corps, outre qu'elle sera favorable à la santé, à la force, au bon fonctionnement du cerveau, sera encore une école de *haute et saine moralité*. Il est peu à craindre, en effet, que le jeune athlète, élevé dans la pure vérité, orgueilleux et à bon droit du corps qu'il a modelé, soucieux de conserver intactes la force et la santé acquises, aille compromettre l'heureux résultat de sa constante application en de vains plaisirs et en de basses orgies. Il sera maître de son corps, d'autant plus soumis à l'esprit qu'il est plus fort. De plus, à l'école de l'entraînement, il aura acquis l'énergie, le courage, la fierté calme et dépourvue d'arrogance; la culture du corps sera donc aussi moralisatrice, parce qu'elle est l'école du courage et de la tempérance. Cette rénovation physique, si importante pour l'individu, l'est aussi pour la race, puisque les résultats obtenus se transmettent en grande partie aux descendants plus vigoureux qui auront à cœur de suivre le bon exemple donné. Il en découlerait des résultats incalculables pour notre pays, et nous considérons comme prophétiques les paroles de Ling : « Quand la France s'occupera d'éducation physique, il se passera quelque chose de grand dans le monde. » Ce moment nous paraît arrivé et les médecins peuvent jouer là un grand rôle. La médecine tend heureusement à devenir de plus en plus préventive par une juste observation des règles d'hygiène, d'exercice, de régime, en délaissant la polypharmacie. Guérir est bien, prévenir est mieux. Certes il faut louer et sans réserves les efforts patients des savants qui, dans les laboratoires, cherchent à surprendre aux maladies leurs secrets et à augmenter le nombre des remèdes et des sérums bienfaisants. Ceci ne doit pas cependant faire oublier les forts et ceux infiniment nombreux qui sont en équilibre instable, à la limite de la santé et de la maladie. Or pour ceux-là surtout un exercice bien réglé, une vie hygiénique, une nourriture bien comprise auront une influence favorable très grande. Si la médecine a pour but de soulager la douleur, d'aider à la guérison dans les maladies aiguës, elle ne doit pas oublier qu'un autre rôle lui échoit encore, non moins important : augmenter la santé des faibles, conserver en bonne santé les forts.

7º Par une gymnastique bien comprise on peut d'ailleurs, souvent mieux qu'avec un corset plâtré, redresser une colonne vertébrale déviée, mieux qu'avec une sangle corriger une viscéroptose au début. Les atrophies musculaires suite de paralysies, de fractures, de rhumatismes, le torticolis, l'obésité, l'hystérie féminine, la hernie, enfin toutes les maladies chroniques non incurables, peuvent être heureusement influencées par la culture physique, en particulier celles qui sont dues à un ralentissement de la nutrition et qui rentrent dans la grande famille de l'arthritisme. D'après Galien, il n'y a pour l'être humain qu'une seule science dont les deux branches sont la médecine, art de guérir, et l'hygiène associée à la gymnastique, art de fortifier et de prévenir, et ces deux branches ne doivent pas être séparées.

Nous affirmons nous aussi que la gymnastique fait partie de l'hygiène, donc de la médecine, et qu'elle ne doit pas être abandonnée aux empiriques. L'école de culture physique de Lyon est venue apporter ici la bonne parole athlétique, avec une conviction sincère éminemment louable. Nous ne croyons pas trop nous avancer en affirmant qu'elle trouvera un accueil de plus en plus favorable de la part du corps médical. Les médecins n'auront-ils pas à cœur, en effet, de se rendre compte par eux-mêmes combien sont devenus précis et scientifiques les exercices de culture physique, et avec combien de soins on évite la monotonie, le surmenage, l'excès de tension nerveuse? Ils se rendront compte aussi des résultats obtenus par cette école ouverte à tous les perfectionnements, résultats souvent extraordinaires, notamment en ce qui concerne la capacité pulmonaire et le développement thoracique. Par les mouvements à mains libres de gymnastique suédoise, estimée à l'école en très grand honneur, par d'autres avec haltères légers pour développer plus rapidement les parties insuffisantes, par les flexions du corps et autres mouvements spéciaux faisant travailler les muscles de la ligne de la ceinture et les muscles extenseurs de la colonne vertébrale, l'école de Lyon arrive à donner au corps le développement musculaire intégral que l'on doit rechercher. Mais surtout une action très efficace est exercée sur la respiration par les mouvements respiratoires variés, agissant sur tous les diamètres de la cage thoracique par l'intermédiaire du diaphragme et par les muscles respirateurs accessoires; sur la circulation par les exercices eux-mêmes bien dosés, suivant un certain ordre et une certaine progression ; sur la digestion par une sangle abdominale parfaite. L'application de cette méthode varie du reste suivant les individus, le sexe, l'âge, suivant qu'il s'agit d'enfants ou d'adolescents, d'adultes ou de vieillards. Chez les enfants cette méthode, réduite à peu près à celle de Ling, est avant tout corrective et éducatrice des attitudes et des mouvements pour favoriser la croissance et le libre développement du squelette et de la cage thoracique. Plus athlétique dans l'adolescence, elle l'est surtout de dix-huit à vingt, vingt-cinq et trente ans, au moment où la croissance est terminée. Ensuite elle est de nouveau moins énergique, hygiénique plutôt qu'athlétique ou modérément athlétique.

Ainsi, par l'application d'une méthode rationnelle actuellement mise au point, sera obtenue une académie harmonieuse, sans hypertrophie ni points faibles, seule capable de permettre au merveilleux instrument qu'est le corps humain de donner toute sa mesure et d'accroître sa vigueur et sa résistance jusqu'à des limites insoupçonnées. Naguère on ne connaissait pour ainsi dire qu'un muscle, le biceps. Le règne du biceps, muscle unique, est fini. Ce développement sera intégral : on ne verra pas un torse splendide s'asseoir sur des jambes de coq, ni les jambes musclées et de belle ligne du coureur supporter un thorax étroit, où les os saillent lamentablement. Mais le but principal de cette méthode demeure surtout l'accroissement de la santé, le développement des forces vitales par une circulation, une respiration, une digestion améliorées. Combien d'athlètes fameux sont morts à la fleur de l'âge parce qu'ils dissimulaient sous une brillante enveloppe musculaire des organes fatigués, sans force contre la maladie. Il est notoire que les moniteurs de Joinville surmenés meurent jeunes et que les champions d'Oxford ne parcourent généralement pas non plus une longue carrière. C'est un cœur hypertrophié, dégénéré, un système digestif fonctionnant mal, un système nerveux déprimé par le surentraînement, les abus de toute sorte, qui demeurent sans résistance contre les atteintes d'une infection même légère. L'homme idéal dont nous rêvons le développement aura des proportions harmonieuses, ses muscles ne seront pas partiellement hypertrophiés, mais également cultivés. Sous un teint frais, animé par des yeux brillants, des lèvres colorées, circulera un sang généreux, car après une culture rationnelle, il aura fait une grande place aux jeux en plein air, aux sports de vitesse, course, bicyclette, canotage, foot-ball, etc... Sa force, sa résistance, sa santé, se seront ainsi parallèlement accrues.

Ainsi dans la cité de l'avenir, qui ne se construira pas miraculeusement ni d'un seul coup, comme le prétendent certains apôtres de la révolution, mais que l'effort patient des générations qui se succèdent contribuera à édifier, on ne devra plus se contenter, après un développement exclusif et outrancier du cerveau, d'admirer les chefs-d'œuvre de la statuaire antique. Certes l'*Apollon du Belvédère*, le *Doryphore*, le *Mars Borghèse*, la *Vénus de Milo*, la *Cnidienne* de Praxitèle, la *Vénus Anadyomène* seront toujours le charme de nos yeux, mais on fera mieux : on essaiera de les reproduire non plus seulement dans le marbre, mais dans la chair vivante et agissante. La culture du corps étant favorable à celle de l'esprit, et moralisatrice, ainsi se poursuivra la triple régénération intellectuelle, physique et morale de notre race. Les qualités acquises ou simplement accrues devant se transmettre à nos descendants, il n'est donc pas téméraire de croire que la culture du corps favorisera et hâtera l'avènement d'une humanité plus belle, d'une humanité idéalisée et agrandie. Ceci n'est pas une utopie, mais un rêve destiné à devenir une réalité, si beau du reste qu'il doit tenter les efforts immédiats des esprits généreux. La richesse n'est pas la seule cause du bonheur : lutter contre le mal et toutes les laideurs constitue dans la vie un intérêt autrement puissant. D'ailleurs une âme éclairée dans un corps vigoureux constitue encore actuellement la meilleure source du bonheur, et la plus pure. Ces idées seront davantage comprises par les générations de demain et il dépend du reste de tous ceux qui sont comme nous animés d'une conviction inébranlable qu'elles le soient. Le nombre de leurs adeptes a augmenté rapidement en ces derniers temps. La beauté souveraine qui réside dans l'harmonie des formes, source de la divine poésie, a toujours eu des adeptes fervents, et, pour reprendre la phrase du poète provençal Aubanel, que deviendrait en effet le monde sans la beauté ? Nous appelons de tous nos vœux le règne de la beauté, règne éloquemment célébré par l'écrivain anglais Ruskin, presque à l'égal d'une nouvelle religion, beauté dans les consciences, dans les intelligences et dans les corps, qui en seront, par la culture physique, les temples harmonieux.

Dʳ GAUTHERON

INTRODUCTION

Ce petit manuel d'entraînement physique permettra aux personnes qui se livreront aux exercices prescrits d'acquérir toute la santé, la force et la beauté plastique désirables. L'exercice corporel indispensable à l'entretien de la vie doit être bien compris.

Il doit d'abord donner aux faibles ce coup de fouet salutaire qui sortira l'organisme de son état morbide ; il doit apprendre aux jeunes gens forts naturellement le moyen de diriger les forces exubérantes de la jeunesse ; il doit être pour les adultes et les vieillards la meilleure hygiène préventive.

Mais si l'exercice physique est une pratique nécessaire, il est aussi trop souvent considéré comme un remède indispensable à tous les maux. C'est ce qui fait que beaucoup de jeunes gens, en cette période de renaissance athlétique, sont à l'excès enthousiastes des sports violents. Malheureusement, les exploits corporels mal adaptés aux forces de l'organisme sont aussi néfastes que les mauvais effets de l'inaction physique.

On ne connaît donc pas les raisons pour lesquelles les exercices sont favorables ou défavorables au corps humain, et on ne possède pas de guide permettant l'usage des nombreux moyens pour faire travailler ses muscles avec une réglementation compétente? C'est cette lacune que j'ai voulu combler en composant ce petit ouvrage qui constitue une méthode individuelle, puisque le sujet peut, par les notions d'anatomie et de physiologie pratiques que j'indique, gagner suffisamment d'acquis et d'initiative personnelle pour pouvoir se diriger seul.

Il est évident que l'entraînement fait à l'école, où l'on est guidé par les professeurs, porte mieux ses fruits, car ce n'est que là que l'on peut appliquer une méthode développant chacun dans le sens qui lui convient le mieux. Le summum des qualités physiques est atteint rapidement et à coup sûr. Mais tous ne peuvent pas participer à ces cours, et même en voyage ou en villégiature le corps ne doit pas être laissé dans l'inactivité.

J'ai divisé mon livre en dix chapitres, non compris la partie descriptive du squelette et des muscles superficiels, qui précède le chapitre I. Chaque chapitre donne l'explication anatomique d'un muscle important et l'exercice le plus capable de le développer. La description de cet exercice se divise en plusieurs paragraphes qui indiquent dans l'ordre suivant :

Le poids qu'il faudra prendre pour accomplir le nombre de mouvements prescrits ;

La position à observer pendant l'exécution des mouvements ;

Différents détails sur l'exécution des mouvements ;

L'effet produit sur les muscles agissants, avec la description anatomique de ceux qui peuvent les seconder pendant l'exercice spécialement visé.

Dans quelques chapitres, une dissertation anatomique et physiologique succède à ces divers paragraphes. Certaines lois de l'hygiène sont également indiquées.

De cette façon, j'ai passé en revue l'entraînement complet du corps humain par la mise en jeu de ses muscles essentiels. J'ose espérer que les résultats qu'on obtient ainsi par soi-même engageront chacun à persévérer dans la culture physique et qu'elle sera pratiquée dans toutes les familles.

Lyon, 1910.

Professeur Aug. CLAUSE,

Directeur de l'École de culture physique de Lyon,

19, place Bellecour.

L'Art de devenir fort

et bien portant

————— •O• —————

DESCRIPTIONS ANATOMIQUES

DU SQUELETTE ET DES MUSCLES SUPERFICIELS

DU CORPS HUMAIN

Mes aimables lectrices et lecteurs vont trouver dans mon petit manuel la description des muscles qu'ils mettront en action. Ces explications techniques seront très profitables aux personnes qui tiennent en honneur le culte de leur corps.

Je me suis efforcé de rendre mes indications précises pour faciliter le plus possible la tâche de l'élève, mais je juge encore utile de faire précéder cet ouvrage d'un rapide enseignement du mécanisme des mouvements.

Les quatre gravures qui illustrent ce cours montrent, d'une part, le squelette et, d'autre part, l'écorché vivant, vu de trois façons différentes, c'est-à-dire : de face, de côté et de dos.

Chaque gravure est chiffrée à plusieurs endroits. Au-dessous d'elles, les chiffres sont reproduits avec le nom des parties qu'ils représentent. Puis la notice explicative accompagne le cliché.

Le Squelette

Le squelette est notre charpente osseuse.

La *colonne vertébrale* en forme l'axe, auquel viennent se rattacher directement ou indirectement toutes les autres pièces osseuses.

La colonne vertébrale est surmontée de la *tête* dont les parties essentielles sont énumérées en regard du cliché. Je n'insisterai pas sur les os de la tête, qui ne nous intéressent aucunement au point de vue mécanisme du mouvement. La colonne vertébrale est formée de petits os superposés les uns sur les autres et qu'on nomme *vertèbres*. Leur réunion constitue intérieurement le canal vertébral, qui est destiné à loger la moelle épinière. Celle-ci n'est autre que la continuation du cerveau, et c'est à elle que viennent aboutir les nerfs sensitifs et moteurs.

La colonne vertébrale se compose de *vingt-quatre vertèbres* et se termine par le *sacrum*. Elle n'est pas rectiligne et accuse trois courbures qui sont :

1° La *courbure cervicale*, comprenant les sept premières vertèbres qui dessinent une ligne concave (région du cou);

2° La *courbure dorsale*, composée des douze vertèbres suivantes, lesquelles forment une ligne convexe (région du dos);

3° La *courbure lombaire*, constituée par les cinq dernières vertèbres. Elles tracent une ligne concave (région lombaire, reins).

Ces trois courbures procurent à la colonne plus de solidité et en même temps de la flexibilité. Elles ne doivent pas être trop prononcées, afin de ne pas donner lieu à l'attitude défectueuse du dos rond ou à de l'ensellure (courbure exagérée de la partie lombaire).

De la parfaite attitude de la colonne vertébrale dépend celle de la *cage thoracique* qui est constituée par l'ensemble des *côtes* au nombre de douze. Celles-ci s'articulent en arrière aux vertèbres et en avant au *sternum*.

Une côte est un arc remarquable par sa flexibilité et son élasticité, conditions essentielles pour le mécanisme de la respiration.

C'est dans la cage thoracique que sont contenus les poumons et le cœur. Le bon fonctionnement des côtes permet celui des poumons et il en résulte une bonne oxygénation. Or oxygéner, c'est purifier le sang, c'est lui donner plus de richesse vitale.

Pour mieux respirer, il faut se constituer une cage thoracique très ample, mais avant de penser à en acquérir l'ampleur à l'aide des muscles songeons à remédier aux mauvaises attitudes des courbures de la tige vertébrale, car c'est souvent en rectifiant la forme du rachis qu'on obtient un thorax bien conditionné.

C'est la première opération à faire en matière de culture physique.

A la partie supérieure du thorax s'attachent les deux os de l'épaule : l'*omoplate* et la *clavicule*.

L'omoplate est fixée derrière la cage thoracique. Elle déborde latéralement et sa partie la plus élevée forme une tubérosité qui s'articule avec l'extrémité externe de la clavicule. L'extrémité interne de la clavicule s'articule avec le sternum.

L'*humérus*, os du bras, s'attache à l'omoplate.

Les deux os de l'avant-bras, *radius* et *cubitus*, s'unissent, par leur extrémité supérieure, à l'humérus. Le radius (qui correspond au pouce) s'articule seul, par son extrémité inférieure, au squelette de la main.

Le cubitus (correspondant au petit doigt) s'articule avec le radius par son extrémité inférieure.

Dans les mouvements de demi-rotation de l'avant-bras, c'est le radius qui évolue autour du cubitus, celui-ci restant fixe.

Le squelette de la main est formé de petits os se répartissant en trois régions qui sont : le *carpe* (os du poignet), le *métacarpe* (os de la main proprement dite) et les *doigts* qui se divisent, en commençant par la partie supérieure, en *phalanges, phalangines, phalangettes* (le pouce n'a pas de phalangette).

Considérons à présent ce qui nous reste à voir du squelette, c'est-à-dire : la hanche, la cuisse, la jambe et le pied.

La région de la hanche est formée par les *os iliaques*. Ceux-ci, en s'articulant avec le sacrum, constituent tout le bassin.

L'os de la cuisse, le *fémur*, est reçu à sa partie supérieure dans une cavité profonde de l'iliaque.

A la partie inférieure du fémur s'articule la *rotule* (de *rotula*, petite roue) qui limite en avant l'articulation du genou.

Le *tibia* (en dedans) et le *péroné* (en dehors) forment le squelette de la jambe. L'extrémité supérieure du tibia s'articule avec l'extrémité inférieure du fémur.

Le péroné s'articule en haut et en bas avec la partie correspondante du tibia.

Le pied est reçu dans la mortaise que forment à leur partie inférieure les extrémités des deux os de la jambe. Les os du pied se divisent, comme ceux de la main, en trois régions, qui sont : le *tarse*, le *métatarse* et les *doigts* ou *orteils*. (Le gros orteil, comme le pouce, n'a pas de phalangette.)

Voici donc résumé, les os du squelette humain. Avant de considérer les muscles superficiels qui s'insèrent sur toutes ces pièces osseuses, comme autant de cordes élastiques, pour les manœuvrer, notons qu'au point de vue du mécanisme des mouvements les os sont des leviers passifs actionnés par des moteurs qui sont les muscles.

Muscles superficiels et mouvements qu'ils déterminent

J'ai représenté les muscles par trois figures pour les énumérer facilement. J'appellerai muscles antérieurs, ceux de la figure 2 ; muscles latéraux, ceux de la figure 3 ; muscles postérieurs, ceux de la figure 4.

J'ai chiffré chaque muscle depuis le n° 1 jusqu'au n° 18.

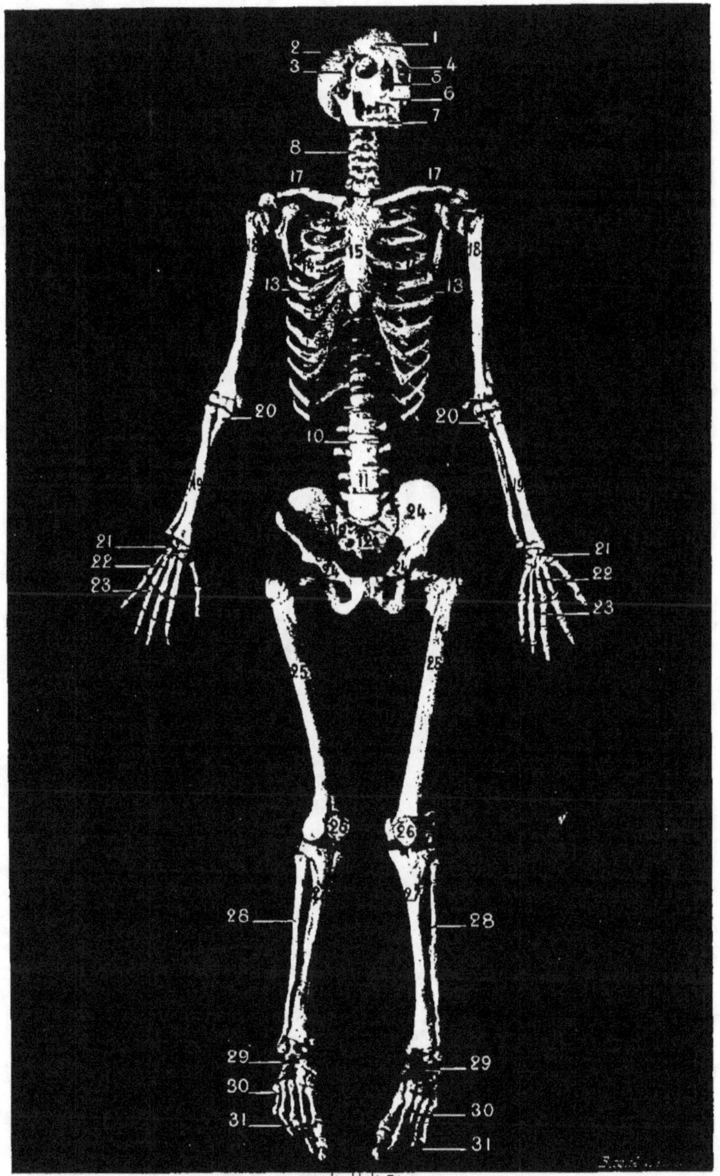

FIG. 1. — Le Squelette

1. Frontal ;
2. Pariétal ;
3. Temporal ;
4. Orbite ;
5. Fosses nasales ;
6. Maxillaire supérieur ;
7. Maxillaire inférieur ;
8. Région cervicale de la colonne vertébrale ;
9. Région dorsale de la colonne vertébrale ;
10. Région lombaire de la colonne vertébrale ;
11. Une vertèbre ;
12. Sacrum ;
13. Cage thoracique ;
14. Une côte ;
15. Sternum ;
16. Omoplate ;
17. Clavicule ;
18. Humérus ;
19. Radius ;
20. Cubitus ;
21. Carpe ;
22. Métacarpe ;
23. Doigts ;
24. Os iliaques ;
25. Fémur ;
26. Rotule ;
27. Tibia ;
28. Péroné ;
29. Tarse ;
30. Métatarse ;
31. Orteils.

Pour la division des muscles par figure, nous ne tiendrons compte que de ceux dont j'indique les chiffres au-dessous de la figure. Les autres, numérotés, seront considérés sur la figure à laquelle je les fais appartenir.

EXEMPLE : Sur la figure 2, nous ne nous occupons pas du chiffre 7 qui représente un muscle décrit à la figure 3.

Je vais donner, avant la description spéciale à chaque figure, le nom de tous les muscles, depuis le n° 1 jusqu'au n° 18.

Le chiffre est invariable pour le muscle qu'il représente.

EXEMPLE : Le chiffre 4 marque toujours le même muscle qui est vu de différentes façons.

Quant aux lettres, elles indiquent les diverses régions du muscle qui peut se diviser en deux ou trois parties.

Voici les muscles superficiels :

1. Pectoraux, chapitre II.
2. Obliques, chapitre IX.
3. Grands droits antérieurs de l'abdomen, chapitre VI.
4. Deltoïdes, chapitre V.
5. Biceps, chapitre I.
6. Muscles de l'avant-bras, chapitre VII.
7. Grands dentelés, chapitre V.
8. Dorsaux, chapitre IV.
9. Trapèzes, chapitre II.
10. Muscles du cou (1).
11. Muscles de la cuisse, chapitre VIII.
12. Muscles de la jambe, chapitre III.
13. Masse lombaire, chapitre V.
14. Muscles fessiers, chapitre V.
15. Triceps, chapitre I.
16. Muscles rhomboïdes, chapitre V.
17. Muscles sous-épineux (1).
18. Muscles grands ronds, chapitre IV.

---

(1) La description de ces muscles n'est pas faite dans les chapitres qui suivent. Néanmoins ils agissent dans les exercices préconisés.

Face antérieure

10. Muscles du cou. — Ils sont rotateurs, fléchisseurs et extenseurs de la tête. D'une manière générale, les muscles rotateurs occupent les deux faces latérales, les fléchisseurs, la face antérieure, et les extenseurs, la face postérieure.

La partie supérieure du trapèze (en A, figure 4) recouvre en partie la musculature postérieure et profonde du cou.

1. Muscles pectoraux. — Le muscle grand pectoral est un muscle pair se divisant en trois gros faisceaux :

En A, faisceau supérieur, en B, faisceau moyen, en C, faisceau inférieur. Ces trois faisceaux sont solidaires entre eux. Leur contraction permet le rapprochement des bras l'un de l'autre et les efforts d'étreinte entre les bras.

Ces faisceaux ont aussi une action particulière. Exemple : dans un effort d'adduction, si les bras sont maintenus élevés, ce sont les faisceaux supérieurs qui agissent le plus. Si la position des bras est horizontale, ce sont les faisceaux moyens. Enfin, si les bras sont maintenus bas, ce sont les faisceaux inférieurs qui se contractent le plus. En un mot, la localisation du travail se porte sur l'un ou l'autre des trois parties du pectoral, selon la position des bras.

3. Muscles droits antérieurs de l'abdomen. — Muscle pair, un de chaque côté de la ligne médiane du ventre. Ce muscle est fléchisseur du tronc, il abaisse la cage thoracique en la rapprochant de la partie inférieure du bassin. Les droits abdominaux compriment également les organes contenus dans l'abdomen.

Ils forment à leur partie inférieure un petit muscle qu'on nomme le *pyramidal* et qui est représenté par la lettre P.

Fig. 2. — **Face antérieure**

10. Muscles du cou ;
1. — pectoraux ;
5. — droits antérieurs de l'abdomen ;

6, Muscles de l'avant-bras ;
11. — de la cuisse, face antérieure
et face interne ;
12. — de la jambe, face antérieure.

6. Muscles de l'avant-bras. — Nous les ferons appartenir à cette figure, parce que leur relief est plus apparent que sur les autres.

Au point de vue général, les muscles de l'avant-bras font évoluer la main en tous sens.

Ils produisent les mouvements de demi-rotation de l'avant-bras, soit en dedans, c'est la pronation, et le dos de la main est placé en dessus, soit en dehors, c'est la supination, et la paume de la main est placée en dessus.

Certains muscles de l'avant-bras sont fléchisseurs et extenseurs de l'avant-bras sur le bras (Voir au chapitre VII la désignation de ces muscles).

11. Muscles de la cuisse, faces antérieure et interne. — Les muscles de la face antérieure de la cuisse sont les extenseurs de la jambe sur la cuisse. Les lettres D, E, F représentent les diverses parties de la musculature antérieure de la cuisse qui est constituée par un muscle appelé le *triceps crural* (Description au chapitre VIII).

La lettre M représente le muscle *couturier*, qui appartient un peu à toutes-les faces de par sa direction oblique. En O, son attache à la partie interne et supérieure de la jambe. Le couturier est fléchisseur de la cuisse sur le bassin, en donnant au membre inférieur la position telle que la réalise le tailleur accroupi.

Les muscles de la face interne de la cuisse sont les adducteurs du membre inférieur. Ils permettent les efforts d'étreinte entre les jambes. Ce sont les muscles des cavaliers. Nous les représentons sur cette figure par la lettre I. Ils se nomment *adducteurs, droit interne,* etc.

12. Muscles de la jambe, face antérieure. — La lettre H représente la musculature de la face antérieure de la jambe; l'action de ces muscles est de fléchir la face dorsale du pied sur la jambe. Ces muscles sont appelés *jambier antérieur* et *extenseurs des orteils.*

Face latérale

2. Muscles obliques. — L'oblique est un muscle pair qui occupe la face latérale du tronc. Son action diffère suivant qu'il se contracte seul ou selon que les deux obliques se contractent ensemble. Quand un seul entre en action, il est rotateur du buste qu'il fait tourner du côté opposé. Exemple : quand l'oblique du côté droit agit, le buste subit une rotation vers la gauche et vice versa. Si les deux obliques se contractent simultanément, ils fléchissent le buste sur le membre inférieur. Cette action est congénère des muscles antérieurs de l'abdomen.

4. Muscles deltoïdes. — Muscle pair qui se divise en trois parties. En A, la partie antérieure, en B, la portion latérale, en C, la partie postérieure.

Le deltoïde est élévateur du bras en tous sens. Ses fibres antérieures portent le bras en avant, ses fibres latérales l'élèvent horizontalement et ses fibres postérieures portent le bras en arrière.

5. Muscles biceps. — Muscle pair, le biceps occupe la partie antérieure du bras. Son action est de fléchir l'avant-bras sur le bras. Si cette opération s'accomplit, la main en supination, c'est le biceps qui agit particulièrement. Mais si la main est en pronation, c'est la masse sous-jacente du biceps, le brachial antérieur qui agit énergiquement. Cette singularité s'explique de la façon suivante : le biceps est supinateur en même temps que fléchisseur. Or, si l'on conserve l'avant-bras en pronation, le biceps perd de son énergie pour fléchir l'avant-bras, puisqu'on contrarie son action de supinateur.

Le *brachial antérieur,* qui déborde le biceps, est visible sur la face externe du bras à la partie mi-inférieure du biceps (en D).

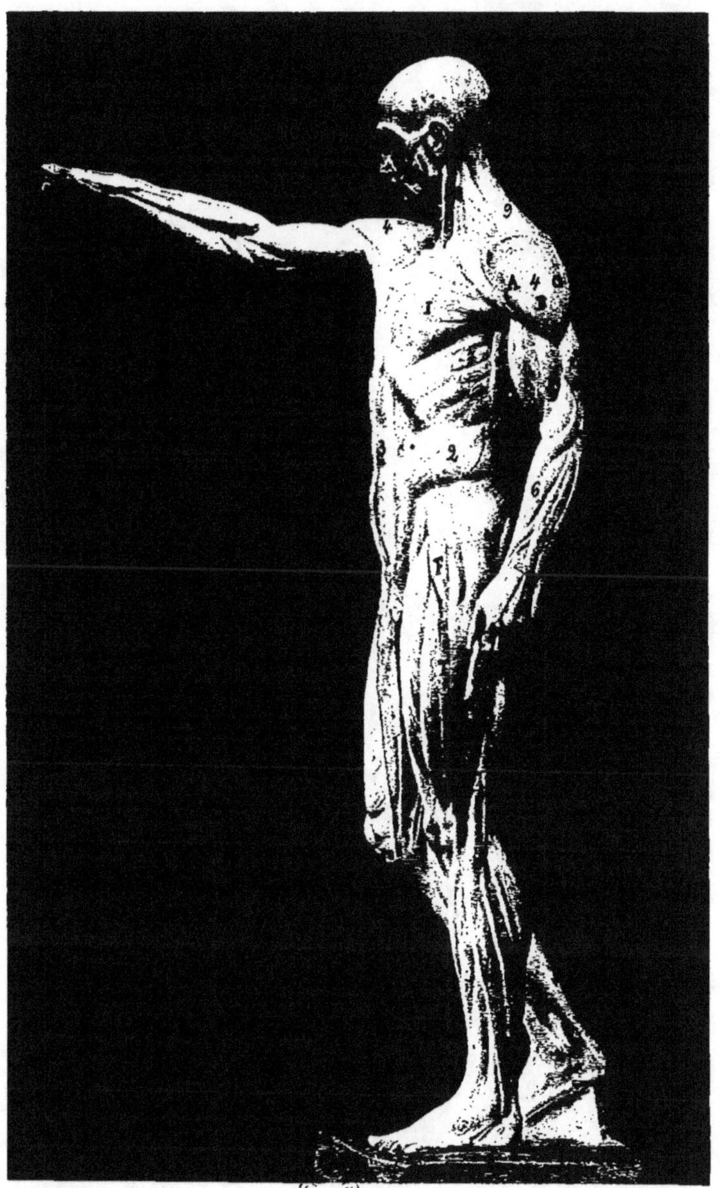

Fig. 3. — Face latérale

2. Muscles obliques ;   7. Muscles grands dentelés ;   12. Muscles de la jambe, face
4.   —   deltoïdes ;   11.   —   de la cuisse, face   externe.
5.   —   biceps ;   externe ;

7. Muscles grands dentelés. — Muscle pair, situé à la face latérale du tronc. Ce muscle est caché à sa partie supérieure par la masse du grand pectoral. L'action du grand dentelé est de fixer l'omoplate en avant. Il exerce sur cet os une traction de haut en bas et d'autant plus forte qu'on élève le bras au-dessus de la tête. C'est d'ailleurs à ce moment qu'il apparaît le plus en relief sur le modelé extérieur de la face latérale du tronc.

11. Muscle de la cuisse, face externe. — La face externe de la cuisse n'a qu'un muscle appelé, le *fascia lata*. Celui-ci est constitué par un petit corps charnu (en F) qui se termine par un long tendon (en T) qui va s'attacher au tibia (os interne de la jambe). Le fascia lata est rotateur de la cuisse en dedans et de tout le membre inférieur. De plus il contribue à la flexion de la cuisse sur le bassin. Quand la cuisse est allongée, le corps charnu de ce muscle a la forme d'un fuseau. Si la cuisse est fléchie sur le bassin, ce corps charnu est raccourci, accusant ainsi une petite masse musculaire globuleuse.

12. Muscles de la face externe de la jambe. — Les muscles de la face externe de la jambe occupent la face latérale du péroné (os externe de la jambe). C'est pourquoi on les désigne sous le nom de *péroniers latéraux*. En résumé, ces muscles sont les extenseurs du pied sur la jambe, ils portent la pointe du pied en dehors, en même temps qu'ils en relèvent le bord externe. Ce sont les antagonistes des muscles de la face antérieure que nous avons examinés à la figure 2, et les congénères des muscles de la face postérieure que nous traitons à la figure 4.

Face postérieure

8. Muscle grand dorsal. — Le grand dorsal est un muscle très étendu, qui part de la masse lombaire (en 13) pour aller jusqu'à la partie supérieure du bras. Il apparait, quand on considère l'écorché de face (figure 2 en 8), de chaque côté du buste sous les aisselles. C'est pourquoi on nomme la musculature dorsale : les dorsaux, un dorsal de chaque côté du tronc.

Ce muscle abaisse l'épaule et le bras qu'il porte en arrière et en dedans, de manière, si la contraction est complète, à venir croiser les deux bras derrière le dos. Il agit également dans l'action de grimper ou de tirer sur une corde, parce que, fixé à l'humérus, il rapproche le tronc du bras et vice versa.

9. Muscle trapèze. — Ce muscle est également très étendu. Il a la forme d'un capuchon et il se divise en trois parties qui sont : la partie supérieure (en A), la partie moyenne (en B), la partie inférieure (en C). Chacune de ces parties a une action spéciale, parce que les fibres qui constituent l'ensemble du trapèze ont une direction différente, suivant qu'elles appartiennent à telle ou telle portion. Les fibres de la portion supérieure sont obliquement descendantes et leur action a pour but d'élever les épaules ou, quand une seule partie se contracte, celle de droite, par exemple, d'incliner la tête du côté droit en la tournant du côté gauche.

Les fibres moyennes sont transversales ; elles portent principalement les épaules en arrière. Elles donnent par conséquent lieu aux mouvements d'abduction des bras. C'est une action qui est antagoniste à celle qu'accomplissent les pectoraux, muscles adducteurs des bras. Sur l'écorché vu de face la partie moyenne du trapèze, portion de droite et de gauche, émerge au-dessus de la clavicule. Cette partie moyenne forme le côté postérieur d'un creux qui est limité en avant par le grand pectoral et sur le côté par le deltoïde (Voir figure 2 aux nos 9, 4 et 1 en A).

Les fibres inférieures du trapèze se portent en dehors, vers l'épaule, selon une ligne obliquement ascendante. Elles ont pour action d'abaisser les épaules. Elles agissent chaque fois que le sujet exerce avec ses membres supérieurs une traction

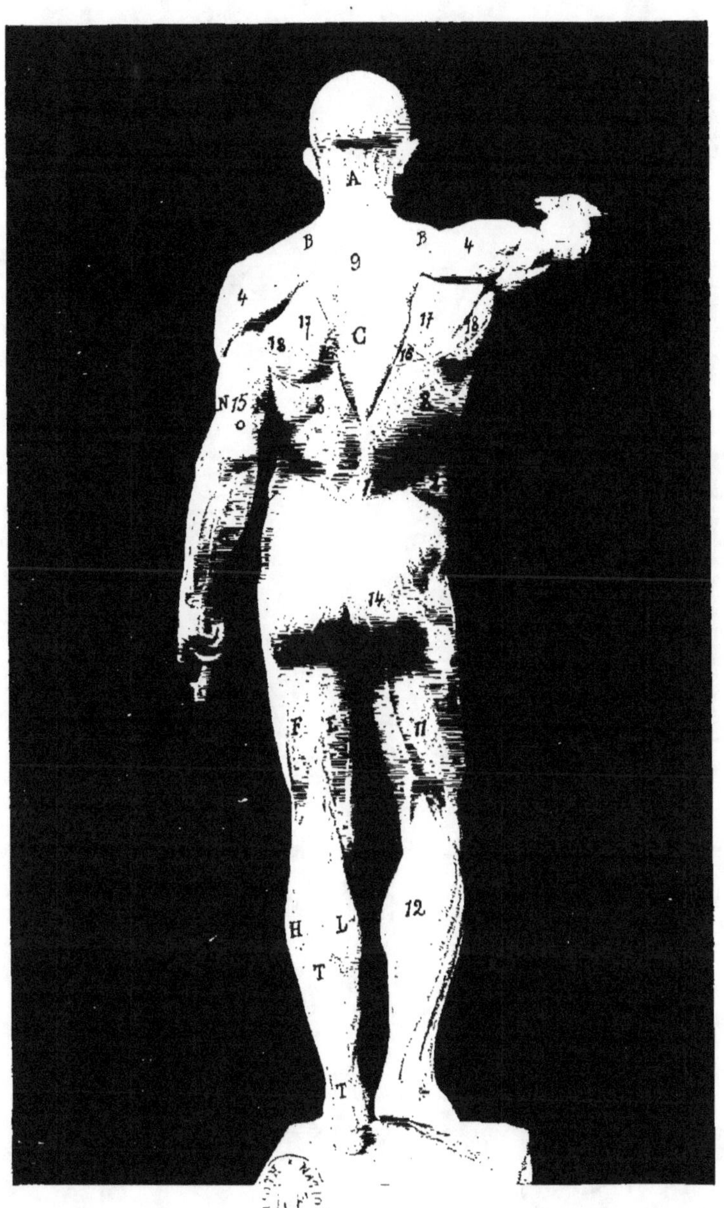

Fig. 4. — Face postérieure

8. Muscles grand dorsal ;	12. Muscles de le jambe,	15. Muscles triceps ;
9. — trapèze ;	face postérieure ;	16. — rhomboïdes ;
11 — de la cuisse,	13. Muscles lombaires ;	17. — sous-épineux ;
face postérieure ;	14. — fessiers ;	18. — grands ronds.

de haut en bas, et elles sont un peu les congénères des fibres du muscle grand dorsal.

Pour résumer l'action du muscle trapèze, nous noterons qu'il se contracte à peu près dans son ensemble, quand il y a abduction des épaules.

11. Muscles de la cuisse, face postérieure. — Ces muscles sont les fléchisseurs de la jambe sur la cuisse. La lettre F représente la masse du *biceps crural* et la lettre E celle des deux muscles confondus, le *demi-tendineux* et le *demi-membraneux*.

12. Muscles de la face postérieure de la jambe. — La face postérieure de la jambe est très charnue. Elle est formée de deux muscles qui sont les *jumeaux*. On les distingue par rapport à l'axe du corps en jumeau interne (lettre L) et jumeau externe (lettre H). Ces deux muscles sont extenseurs du pied sur la jambe, ils agissent par le tendon d'Achille (lettre T). En résumé, les muscles de la face postérieure de la jambe sont les congénères de ceux de la face externe et les antagonistes des muscles de la face antérieure.

La face interne de la jambe n'a pas de muscles.

13. Muscles lombaires. — Les lombaires sont des muscles profonds. Leur saillie se révèle de chaque côté de la ligne médiane du dos. Ils renforcent le muscle dorsal (Voir en 13 la musculature lombaire).

La fonction des lombaires est l'extension du buste. Ils entrent également en action quand le buste a à résister sous le poids d'un fardeau supporté par les épaules. Les muscles des reins sont les antagonistes des abdominaux.

14. Muscles fessiers. — Les muscles fessiers sont aux jambes ce que les deltoïdes sont aux bras. Ils manœuvrent le membre inférieur un peu en tous sens. Ils sont principalement les élévateurs de la cuisse en arrière et ils jouent aussi un rôle dans la station debout.

15. Muscles triceps. — Muscle pair, le triceps occupe la face postérieure du bras, c'est l'antagoniste direct du biceps. Les triceps sont extenseurs des avant-bras sur les bras. Ils se divisent en trois parties dites : la partie interne, moyenne et externe (en M, O, N). C'est plus particulièrement la partie correspondante qui agit, selon que l'extension de l'avant-bras s'opère dans le prolongement direct du bras, ou selon qu'elle se réalise en dedans, vers le côté du buste, ou en dehors, vers le côté externe. Quand on accomplit l'extension de l'avant-bras, dans le but de développer plus exclusivement la partie interne du triceps, on maintient la main en pronation pour faciliter le mouvement.

16. Muscles rhomboïdes. — Muscles pairs, les rhomboïdes sont les fixateurs des omoplates sur le tronc. C'est grâce à leur développement que les épaules sont maintenues en arrière.

Au point de vue de la bonne attitude de la poitrine, il y a le plus grand intérêt à ce qu'ils soient développés, parce qu'ils empêchent la tendance habituelle que nous avons de ramener les épaules en avant. Cette attitude vicieuse provient de ce que nos principaux mouvements de la journée sont des mouvements d'adduction. Exemple : l'action d'écrire, de porter les aliments à la bouche, etc. En rapprochant le plus possible l'un de l'autre les deux grands bords internes des omoplates, les rhomboïdes remédient aux mauvaises attitudes de la tenue par rapport à la poitrine.

17. Muscles sous-épineux. — Muscle pair, le sous-épineux occupe la fosse sous-épineuse de l'omoplate, c'est-à-dire la partie postérieure, inférieure et concave de cet os. Il a pour action de faire tourner l'humérus en arrière et en dehors.

18. Muscles grands ronds. — Muscle pair, le grand rond occupe aussi la fosse sous-épineuse. Il forme la paroi postérieure du creux de l'aisselle. Comme action, il fait tourner le bras sur son axe en le portant en dedans et en arrière.

En résumé, le sous-épineux agit dans les mouvements d'abduction quand il y a rotation du bras de dedans en dehors, et le grand rond participe aux mouvements des dorsaux lors de l'abaissement des épaules avec adduction des bras en arrière (Exemple : exercice figure 13).

NOTICE

La série, constituée par les dix mouvements indiqués, s'exécutera autant que possible devant une glace. L'élève se rendra mieux compte de ce qu'il fait et le mouvement deviendra plus intéressant.

La séance d'entraînement terminée, l'élève se douchera si possible, ou prendra le tub.

Remarque. — Les dix exercices qui suivent mettront en jeu tous les muscles du corps.

CHAPITRE I

MUSCLE BICEPS

Le muscle de la face antérieure du bras : *le biceps,* sa forme et ses usages. — Exercice n° 1 avec l'indication du nombre de mouvements à exécuter. — La position à prendre dans cet exercice. — L'exécution des mouvements. — L'action sur les muscles mis en jeu avec le biceps ; *le Brachial antérieur* et le muscle de la face postérieure du bras : *le triceps.*

SA FORME. — Le muscle biceps est ainsi nommé, parce qu'il est double à sa partie supérieure, formé de deux têtes ou de deux portions. Ce muscle, placé sur la partie antérieure du bras, forme un gros corps fusiforme quand le bras est allongé à l'état de repos.

Quand l'avant-bras est plié sur le bras, le corps charnu de ce muscle fusiforme devient court et globuleux ; le biceps est contracté. Rien alors n'est plus frappant et plus propre à donner une idée du changement de forme d'un muscle pendant sa contraction, que d'examiner le biceps sur un sujet qui le fait entrer graduellement en action, en fléchissant doucement l'avant-bras sur le bras ; on voit se dessiner de plus en plus nettement, à la région antérieure du bras, une boule charnue qui se gonfle, se raccourcit, en même temps qu'elle semble remonter sur la partie supérieure du bras, c'est-à-dire vers le bord inférieur du muscle grand pectoral. Sur un sujet bien musclé, on peut même voir se dessiner nettement sous la peau les deux portions de ce muscle.

Ces sujets sont néanmoins rares.

LES USAGES DU MUSCLE BICEPS. — Le muscle biceps est donc essentiellement fléchisseur de l'avant-bras sur le bras, c'est une action évidente, et sur laquelle il serait inutile d'insister, si ce n'était pour faire remarquer que le biceps, en agissant sur l'avant-bras, arrive à se trouver perpendiculaire sur le levier qu'il meut et qu'alors il est dans la position la plus favorable au développement de toute sa force. Cette disposition n'est pas la même pour tous les muscles, nous le verrons à propos du muscle deltoïde (Voir chap. V) ; mais la contraction du biceps produit, en même temps que la flexion du coude, un effet sur lequel il importe d'attirer l'attention :

Si l'avant-bras est en *pronation,* c'est-à-dire placé de telle sorte que le dos de la main est en-dessus : le tendon du biceps se trouve nettement enroulé autour de la partie supérieure du radius (os de l'avant-bras correspondant au pouce), et il en résulte que le premier effet produit par sa contraction est une rotation du radius en dehors, c'est-à-dire un mouvement d'amener la paume de la main dessus. Cette opération est dite : *la supination.*

Si le muscle biceps est fléchisseur de l'avant-bras sur le bras, il est de plus, on le voit, l'un des muscles supinateurs les plus énergiques.

EXERCICE N° 1

Pour le développement des muscles biceps

Cet exercice s'exécute, pour homme, avec des haltères d'un poids de 3 kilos pour chaque main. Des haltères de 4 kilos peuvent être employés, mais ils devront être un maximum.

Les dames et les enfants exécuteront cet exercice, avec des haltères d'un poids variant entre 1 et 2 kilos au maximum.

Je ne conseillerais pas aux sujets ayant de l'insuffisance musculaire, de faire les mouvements de cet exercice à mains libres, parce qu'alors, pour qu'ils aient de l'effet, il faudrait maintenir fortement les mains fermées pendant toute la durée de l'exercice ; la dépense nerveuse serait considérable et la fatigue qui pourrait en résulter nuirait aux meilleurs bénéfices de l'action. Des haltères d'un poids de 1 kilo pour chaque main peuvent être employés par les personnes faibles.

Le nombre de mouvements pour cet exercice variera entre 25 et 40 fois, selon la résistance du sujet.

FIG. 5. — Flexion alternative de l'avant-bras sur le bras

(Première phase de l'exercice pour biceps)

Position

1° Prendre les haltères en mains, la paume des mains tournée en avant, les bras allongés le long du corps ;

2° Maintenir le corps droit et la poitrine bombée ;

3° Maintenir les jambes jointes et tendues, la pointe des pieds à l'écartement naturel, le poids du corps reposant naturellement.

Exécution

1° Fléchir alternativement l'avant-bras sur le bras en évitant de déplacer le coude et en amenant chaque fois le poing le plus près possible de l'épaule (fig. 5).

Insister particulièrement sur la flexion de l'avant-bras sur le bras, et sur l'extension de l'avant-bras dans le prolongement du bras (fig. 6) ;

2° Inspirer et expirer naturellement pendant le mouvement en tenant compte qu'une inspiration profonde et une expiration longue valent mieux que plusieurs respirations courtes.

(La respiration se divise en deux actes qui sont : l'inspiration et l'expiration [Voir chap. X].)

Nota. — Pour compter un, il faut que les deux avant-bras aient été fléchis à tour de rôle. Prenez, par exemple, comme point de départ le bras droit et comptez un, deux, etc..., chaque fois que l'avant-bras droit fléchit sur le bras.

Action

1° Par la flexion de l'avant-bras sur le bras (fig. 5) :
Action sur le *biceps* et le muscle *brachial antérieur*.

Le brachial antérieur. — Ce muscle est placé au-dessous de la moitié inférieure du biceps dont il accentue d'ailleurs le modelé extérieur ; mais il déborde un peu de chaque côté et devient apparent sous la peau lorsqu'un sujet musclé fléchit avec force l'avant-bras ; on le remarque particulièrement sur le côté externe à la partie inférieure du biceps. Il est le congénère du biceps, c'est-à-dire qu'il a la même action que lui : il fléchit l'avant-bras sur le bras.

Par l'extension de l'avant-bras dans le prolongement du bras :
Action sur le muscle *triceps* (fig. 6).

Le triceps. — Le muscle triceps est ainsi nommé parce qu'il est composé de trois portions qui s'attachent chacune à des points différents sur les os qui forment le squelette de l'épaule et du bras, savoir :

L'omoplate, l'un des os de l'épaule ; l'humérus, os du bras, et le cubitus, l'un des os de l'avant-bras, celui qui correspond au petit doigt.

Le triceps forme à lui seul toute la musculature de la face postérieure du bras. Son modelé est très apparent, mais il s'accentue particulièrement chez un sujet qui s'efforce d'étendre l'avant-bras sur le bras, en essayant, par exemple, d'atteindre avec le dos de la main un but éloigné en arrière.

Il est à peine besoin de dire que ce muscle est essentiellement extenseur de l'avant-bras sur le bras, et que du fait de son action contraire à celle du biceps il est l'antagoniste direct de celui-ci ;

2° Par l'inspiration profonde :
Action sur les muscles *inspirateurs* (Voir chap. X).

Par l'expiration longue :
Action sur les muscles *expirateurs* (Voir chap. X).

Triceps

FIG. 6. — **Extension de l'avant-bras sur le bras**

(Deuxième phase de l'exercice pour biceps)

Remarque. — Plus on inspire, plus on oxygène le sang, et plus la poussée sanguine, qui alimente le muscle en action, est une nourriture riche, puisque l'oxygène donne au sang la meilleure de ses propriétés vitales.

Plus on expire, plus on élimine d'acide carbonique et autres déchets délétères.

Il est donc important de respirer comme il est indiqué dans les exercices.

CHAPITRE II

MUSCLES PECTORAUX

Le muscle de la poitrine. — Le *grand pectoral,* sa forme et ses usages. — Le muscle petit pectoral. — Exercice n° 2 avec l'indication du nombre de mouvements à exécuter. — La position à prendre dans cet exercice. — L'exécution des mouvements. — L'action sur les muscles agissants. — Description du muscle trapèze, antagoniste du pectoral.

Muscle grand pectoral

SA FORME. — Le muscle grand pectoral constitue une large masse charnue qui occupe la face antérieure du thorax, de chaque côté de la ligne médiane du sternum, et qui s'étend en dehors, jusqu'à la partie supérieure du bras.

Son modelé devient saillant lorsqu'on porte les deux bras en avant en les rapprochant l'un de l'autre, comme dans l'attitude de la prière. Il devient également très accentué dans l'action de grimper.

LES USAGES DU MUSCLE GRAND PECTORAL. — Le grand pectoral se divise en faisceaux supérieurs, moyens et inférieurs ; il est essentiellement un muscle adducteur du bras en avant, c'est-à-dire que dans quelque position que soit placé celui-ci, fût-il même fléchi, c'est par l'action du grand pectoral qu'on le ramènera en avant. De plus, ce muscle, par son action, permet les mouvements de compression d'un objet entre les mains, ou de celles-ci l'une contre l'autre. Également, ce groupe musculaire, le pectoral gauche et le pectoral droit, permet les efforts d'étreinte entre les bras.

Supposons maintenant que les bras levés, à l'écartement des

épaules, on veuille presser en face de son front ses deux poings l'un contre l'autre, ou bien encore un objet entre les mains : les faisceaux du grand pectoral se contracteront, mais l'action se portera plus particulièrement sur les faisceaux supérieurs.

Si la position des bras est moins élevée, par exemple, si elle est horizontale, l'action sera plus intense sur les faisceaux moyens.

Si enfin la position des bras est basse, au-dessous du plan horizontal, l'action se fera plus intense sur les faisceaux inférieurs.

Muscle petit pectoral

Dans sa partie moyenne, le muscle grand pectoral est doublé par un muscle sous-jacent qui est : le petit pectoral. Celui-ci, entièrement caché, accentue lors de sa contraction le modelé du grand pectoral.

Comme action, le petit pectoral attire l'épaule en bas, en avant et en dedans.

EXERCICE N° 2

Pour le développement des muscles pectoraux

Cet exercice s'exécute, pour homme, avec des haltères d'un poids maximum de 3 kilos pour chaque main. Les dames et les enfants l'exécuteront avec des haltères d'un poids variant entre 1 et 2 kilos maximum. En cas d'insuffisance musculaire, les mouvements pourront même s'exécuter à mains libres et fermées, de manière à presser fortement les poings l'un contre l'autre devant la poitrine.

Le nombre de mouvements pour cet exercice variera : avec haltères en mains, entre 10 et 20 fois ; sans haltères, entre 20 et 30 fois

Position

1° Prendre les haltères en mains et élever les bras latéralement à la hauteur des épaules, la paume des mains tournée en avant ;

2° Maintenir le corps droit et la poitrine bombée ;

<h3 style="text-align:center">Pectoraux et deltoïdes</h3>

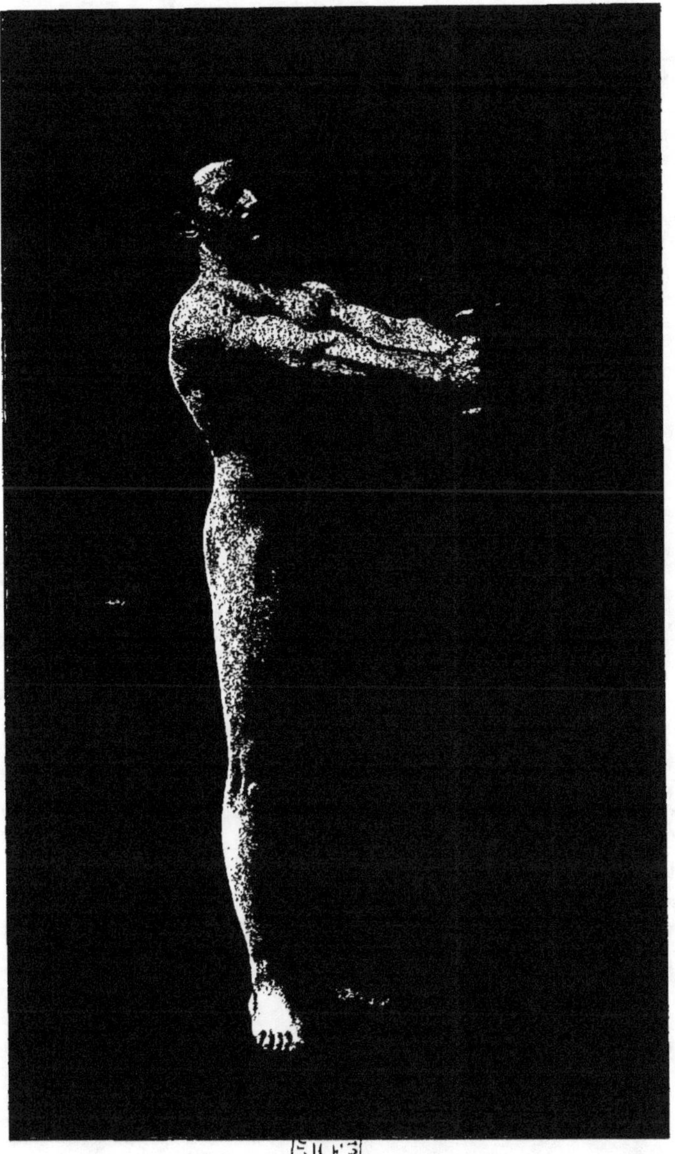

FIG. 7. — **Pression des poings l'un contre l'autre**

(Première phase de l'exercice pour pectoraux)

3° Maintenir les jambes jointes et tendues, la pointe des pieds à l'écartement naturel, le poids du corps portant sur la plante des pieds.

Exécution

1° Ramener les bras en avant en renversant légèrement le haut du buste en arrière ; joindre les haltères devant la poitrine en maintenant les bras à la hauteur des épaules, et presser les poings l'un contre l'autre (fig. 7) ;

2° Inspirer profondément en reportant les bras tendus en arrière et en inclinant légèrement cette fois le haut du buste en avant (fig. 8) ;

3° Continuer l'exercice et expirer longuement en ramenant les bras en avant et en pressant les poings l'un contre l'autre.

Nota. — En prenant comme point de départ la réunion des deux poings devant la poitrine, on comptera : un, deux, etc..., chaque fois qu'on ramènera les bras en avant.

Action

1° Par l'effort de rapprochement des bras en avant et par la compression des poings l'un contre l'autre :
Action sur les trois faisceaux du grand pectoral, plus intense sur les faisceaux moyens (fig. 7) ;

2° Par l'inspiration profonde en reportant les bras tendus en arrière :
Développement du thorax et action favorable aux muscles inspirateurs ;

3° Par l'inclinaison du haut du buste en avant :
Facilité de porter les bras le plus en arrière possible, et contraction des faisceaux de la partie moyenne du muscle *trapèze* (fig. 8).

Le trapèze. — Antagoniste du pectoral par les fibres de sa partie moyenne, le trapèze se divise en trois régions et se sépare, de chaque côté de la ligne médiane du dos, pour former la portion de droite et la portion de gauche. En outre, il s'étend de la partie supérieure du cou (sa région supérieure) à la partie inférieure du dos (sa région inférieure) et ses insertions correspondent toutes à la ligne médiane du dos, d'une part, et d'autre part à la ceinture osseuse de l'épaule (sa région moyenne). La ceinture osseuse de l'épaule est formée par la partie supérieure de l'omoplate et de la clavicule.

La forme du trapèze dessine sur l'écorché du dos une figure triangulaire à sommet inférieur, qui rappelle le contour d'un capuchon de moine ; aussi, a-t-on donné parfois au trapèze le nom de : *muscle cucullaire* (de *cucullus,* capuchon).

L'ensemble du trapèze se contracte lorsque le sujet porte fortement les épaules en arrière, et dans ce cas c'est la partie moyenne qui agit le plus et qui fait le plus nettement saillie sous la peau. Dans l'exercice ci-dessus, c'est au moment où les bras sont portés en arrière que ce muscle forme de chaque côté de la ligne médiane, à la partie supérieure du dos, deux grosses masses charnues (fig. 8).

Nous terminerons l'étude du trapèze en considérant maintenant sa partie supérieure et sa partie inférieure :

Sa partie supérieure se contracte quand on incline la tête de côté ou bien quand, voulant porter un fardeau sur son épaule, on élève celle-ci pour maintenir la charge en équilibre. Dans ces deux cas, c'est, soit la portion de gauche, soit la portion de droite du trapèze, qui fait saillie sous la peau, à la partie postérieure du cou, selon que le mouvement s'effectue du côté gauche ou du côté droit.

La partie inférieure du trapèze se contracte plus isolément, elle abaisse l'épaule, et c'est ainsi qu'on la voit saillir toutes les fois que le sujet exerce avec ses membres supérieurs une traction de haut en bas, par exemple dans l'action de tirer violemment sur une corde verticale (sonneur de cloche). Comme

FIG. 8. — **Abduction des bras en arrière**

(Deuxième phase de l'exercice pour pectoraux)

on le verra au chapitre IV, les fibres de la partie inférieure du trapèze ont une action correspondante avec celles du muscle grand dorsal;

4° Par la longue expiration en ramenant les bras en avant et en pressant les poings l'un contre l'autre :
Action favorable aux muscles expirateurs.

Remarque. — Il se produit, de plus, pendant toute la durée de l'exercice, et selon la position des bras, une action successive sur les trois portions des muscles deltoïdes. (Comme on le verra au chapitre V, le muscle deltoïde est élévateur du bras.)

CHAPITRE III

MUSCLES DE LA JAMBE

Muscles de la jambe. — Face antérieure. — Face interne. — Face postérieure. — Face externe. — Description des muscles recouvrant ces quatre faces. — Exercice n° 3 avec l'indication du nombre de mouvements à exécuter. — La position à prendre pour l'exercice. — L'exécution des mouvements. — L'action sur les muscles agissants. — La contraction dynamique, statique frénatrice. — De la nécessité d'avoir des jambes robustes.

Pour donner un aperçu précis et exact de la forme de la jambe, j'énumérerai successivement les muscles qui en forment le modèle extérieur, en insistant toutefois un peu plus sur ceux qui nous intéressent particulièrement.

La jambe présente quatre faces qui sont :

1° La face antérieure (en avant) ;

2° La face interne (en dedans de la ligne médiane en regardant vers l'axe du corps) ;

3° La face postérieure (en arrière) ;

4° La face externe (en dehors de la ligne médiane en regardant vers l'axe du corps).

Dans l'exercice prescrit, je vise essentiellement le développement de la partie antérieure et postérieure, je passerai donc rapidement en revue la face interne et la face externe, puis je détaillerai la description des deux autres parties.

FACE ANTÉRIEURE

La partie antérieure de la jambe est formée par trois muscles qui sont : le *jambier antérieur*, *l'extenseur propre du gros orteil*, et *l'extenseur commun des orteils*.

Muscle jambier antérieur

SA FORME. — Le modelé extérieur de ce muscle se révèle très nettement quand on le contracte en fléchissant le pied sur la jambe. Il forme alors un corps charnu fusiforme qui se termine, au coup-de-pied, par une corde oblique marquant la direction de son tendon d'attache vers la partie interne (en dedans) du dos du pied.

SES USAGES. — Le jambier antérieur est fléchisseur du pied, il en rapproche la face dorsale de la face antérieure de la jambe.

De plus, en même temps qu'il porte la pointe du pied en dedans, il en relève un peu le bord interne.

Muscle extenseur propre du gros orteil

SA FORME. — Le corps charnu de ce muscle est caché, seul son tendon, accompagné encore de quelques fibres musculaires, apparait au tiers inférieur de la face antérieure de la jambe quand on porte fortement le gros orteil en haut dans un mouvement d'extension ; on peut encore voir ce tendon se dessiner nettement dans tout son trajet, quand on porte le poids du corps sur la pointe du pied (dans ce mouvement, le gros orteil se trouve fortement étendu vers la face dorsale du pied).

SES USAGES. — Le nom de ce muscle en indique l'action : il étend le gros orteil. Il prend également part à la flexion du pied sur la face antérieure de la jambe.

Muscle extenseur commun des orteils

SA FORME. — Le modelé extérieur de ce muscle qui forme un tendon subdivisé en plusieurs bandelettes, se révèle quand on étend les orteils sur le pied. Dans cette position, il dessine à la fois la saillie de son corps charnu, surtout à la partie moyenne de la jambe, et les saillies, en cordes divergentes, de ses tendons sur le dos du pied.

SES USAGES. — L'extenseur commun des orteils étend les orteils sur le pied. Il seconde également, mais fortement, le jambier dans la flexion du pied sur la jambe.

NOTA. — En résumé, les muscles de la face antérieure de la jambe se dessinent quand on fléchit (les orteils étendus) le pied sur la face antérieure de la jambe.

Décrite de la sorte, la forme que dessine chacun de ces trois muscles à la contraction se reconnaîtra aisément sous la peau.

Les muscles formant la *face postérieure* de la jambe étant aussi importants que ceux dont il vient d'être question, je les décrirai également avec d'analogues détails, puis je passerai rapidement en revue la face interne et la face externe.

En procédant par ordre considérons maintenant la région interne.

FACE INTERNE

Cette partie n'est formée par aucun muscle ; débordée par les masses charnues de la face antérieure et de la face postérieure, elle est faite d'un long méplat légèrement excavé en gouttière qui va du dedans du genou à la cheville interne. On sent très bien au toucher, et à cet endroit de la jambe, le bord interne du plus gros os de ce membre inférieur, c'est-à-dire : le tibia.

FACE POSTÉRIEURE

La partie postérieure de la jambe est très charnue. Elle est formée de muscles nombreux et puissants, qu'on distingue en deux masses : la *masse superficielle* (qui nous intéresse) et la *masse profonde* (pour laquelle je donnerai une rapide indication).

Masse superficielle

La *masse superficielle* est formée par les muscles jumeaux, par le plantaire grêle et par le soléaire.

Muscles jumeaux

Leur forme. — Les muscles jumeaux forment essentiellement la saillie du mollet. Ils sont au nombre de deux, un de chaque côté de la ligne médiane du mollet.

On les distingue (par rapport à l'axe du corps) en jumeau interne et jumeau externe. Tous deux forment un corps charnu ovoïde très allongé qui se termine par un bord inférieur arrondi, à convexité inférieure, indiquant l'insertion des fibres charnues sur le tendon d'Achille (la description de ce tendon succède au paragraphe qui donne les usages des jumeaux).

Maintenant, la constitution des jumeaux est telle, que leur modelé extérieur est tout à fait différent lorsqu'ils sont au repos et lorsqu'ils sont en contraction. En effet, chez un sujet musclé qui est à l'état de repos, les deux moitiés de chaque muscle se confondent en un seul et même modelé arrondi et saillant ; mais, lorsque ce sujet se soulève sur la pointe des pieds d'une façon énergique, on voit nettement et séparément se dessiner sous la peau une grosse boule fendue en deux : à gauche, vers l'axe du corps, c'est le jumeau interne ; à droite, du côté opposé, c'est le jumeau externe. On peut alors se rendre compte que, sauf quelques rares exceptions, le jumeau interne descend plus bas que le jumeau externe.

Leur usage. — Les jumeaux sont extenseurs du pied sur la jambe en agissant par le tendon d'Achille, sur lequel ils s'attachent.

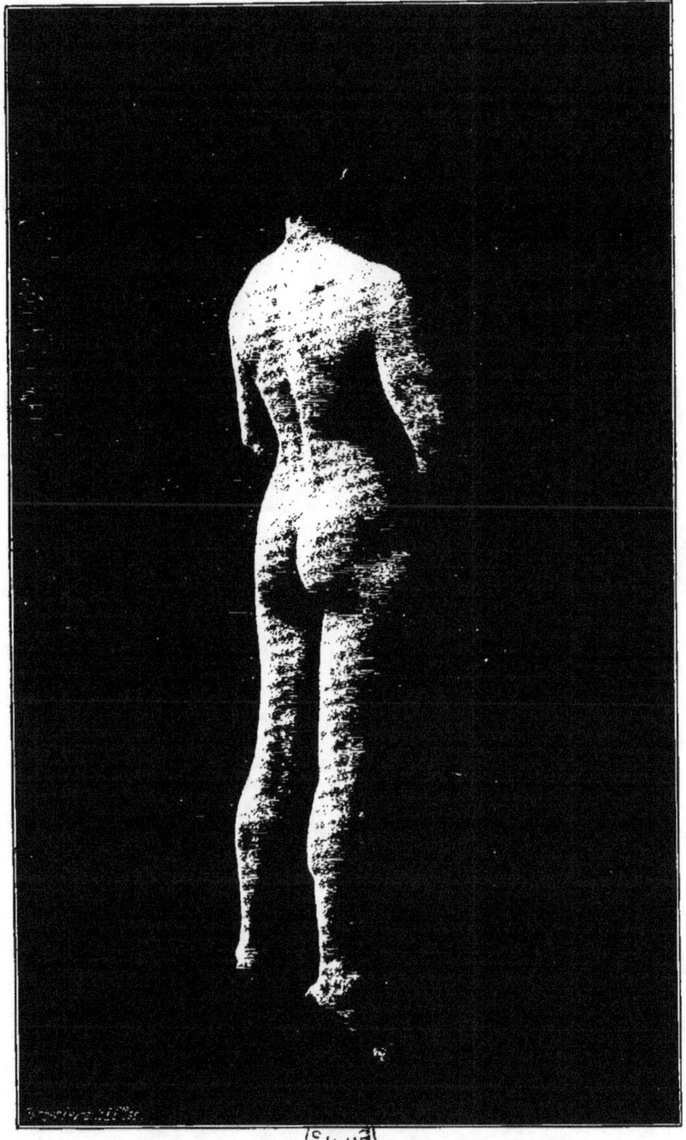

FIG. 9. — Élévation sur la pointe des pieds

(Première phase de l'exercice pour muscles des jambes)

L'extension du pied sur la jambe peut être correspondante à l'action de se hausser sur la pointe des pieds. Dans cet acte, le pied est bien dans le prolongement de la jambe, c'est-à-dire en extension sur elle ; or les muscles jumeaux sont apparents dans cette attitude et on peut les remarquer facilement chez les danseuses, quand elles font des pointes. Cet exercice consiste à se maintenir en équilibre sur les orteils. Aussi les danseuses sont-elles toutes très musclées des jambes, ainsi d'ailleurs que les personnes qui s'adonnent à l'art chorégraphique.

Tendon d'Achille

Le tendon d'Achille sert exclusivement à transmettre à la fois l'action des muscles jumeaux et du muscle soléaire (dont la description suit).

Il s'étend de la base des jumeaux, ou de la saillie que forment ceux-ci à la contraction, jusqu'au talon. Son modelé extérieur se révèle aussi quand on porte le poids du corps sur la pointe des pieds (action de se hausser). Dans cette position, il forme alors un grand triangle très allongé, renversé sur sa base et dont le modelé s'accentue très bien à la partie inférieure de la face postérieure de la jambe, marquant même un creux très accusé de chaque côté de la cheville interne et de la cheville externe.

Muscle plantaire grêle

Sa forme et ses usages. — Ce petit muscle insignifiant se confond avec le jumeau externe. Son action est la même que celle des jumeaux : il étend le pied sur la jambe.

Muscle soléaire

Sa forme. — Ce muscle est ainsi nommé parce que sa forme a été comparée à celle d'une semelle (en latin, *solea*).

Il est placé au-dessous des muscles jumeaux qu'il déborde aussi bien sur le bord interne que sur le bord externe du mollet.

Son relief est apparent de chaque côté de la partie supérieure du tendon d'Achille. Par exemple : chez un sujet très musclé qui contracte énergiquement les jumeaux, il se fait, au moment de la contraction, un creux qui accuse une forme triangulaire sous le bord inférieur des jumeaux. C'est la base supérieure du tendon d'Achille, et c'est précisément à cet endroit que le soléaire déborde et apparait sur le modelé extérieur de la face postérieure de la jambe.

Ses usages. — Le muscle soléaire a la même action que les muscles jumeaux : il est extenseur du pied sur la jambe, c'est-à-dire qu'il abaisse la pointe du pied et élève le talon.

Muscles postérieurs profonds

Leur forme et leurs usages. — Ces muscles, qui constituent la masse profonde de la face postérieure de la jambe, sont :

Le muscle jambier postérieur, le muscle fléchisseur commun des orteils et le muscle fléchisseur propre du gros orteil.

Les corps charnus de ces muscles sont profondément cachés sous les muscles superficiels. Cependant leurs tendons, qui descendent obliquement vers le derrière de la cheville interne, sont visibles à cet endroit de la cheville, à l'exception toutefois du tendon du fléchisseur propre du gros orteil.

Les muscles postérieurs profonds sont les fléchisseurs des orteils.

FACE EXTERNE

Les muscles qui forment la face externe de la jambe sont : le *long péronier latéral* et le *court péronier latéral*.

Muscles long et court péroniers latéraux

LEUR FORME. — Le muscle long péronier et le muscle court péronier se confondent, et sur le modelé extérieur ils forment, quand on étend le pied en portant la pointe en dehors, un gros faisceau fusiforme facile à remarquer sur la face externe de la jambe.

LEURS USAGES. — Ces deux muscles ont une action contraire aux muscles de la face antérieure de la jambe, ils ont d'autre part la même action que les muscles de la face postérieure de la jambe. Ils sont extenseurs du pied sur la jambe ; en même temps, ils élèvent le bord externe du pied et en portent la pointe en dehors (cette action est totalement opposée à celle du muscle jambier antérieur de la face antérieure de la jambe).

NOTA. — Il est bien facile, maintenant, de comprendre que les muscles de la face antérieure de la jambe ont une action inverse de ceux de la face externe et de ceux de la face postérieure. Ainsi, quand on fléchit le pied sur la jambe, ce sont les muscles antérieurs qui se contractent, et quand on étend le pied sur la jambe, ce sont les muscles externes et postérieurs qui se contractent.

EXERCICE N° 3

Pour le développement des muscles de la jambe

Cet exercice s'exécute à mains libres. Pour garder l'équilibre nécessaire, il suffira juste d'appuyer deux doigts de chaque main sur le dossier d'une chaise.

Il est toutefois utile de veiller à ne prendre qu'un faible point d'appui avec les doigts et cela, à seule fin de reposer de tout le poids du corps sur les jambes.

On évitera donc, pendant l'exécution des mouvements, toute aide par l'appui des mains sur le dossier de la chaise.

Le nombre des mouvements à exécuter pour cet exercice variera : pour homme, entre 30 et 40 fois, maximum ; pour dames et enfants, entre 20 et 30 fois, maximum.

Position

1° Maintenir le corps droit, les jambes écartées d'environ 35 centimètres ;

2° S'appuyer des mains au mur, ou à une chaise, afin de faciliter l'équilibre, sans toutefois s'aider des mains dans l'effort d'élévation.

Exécution

1° S'élever rapidement et le plus haut possible sur la pointe des pieds (fig. 9) ;

2° Revenir très lentement reposer les talons sur le sol ;

3° Fléchir ou élever la pointe des pieds le plus possible vers la partie antérieure des jambes (fig. 10).

A ce moment, porter très légèrement le haut du buste en avant en évitant de s'appuyer trop fortement des mains (fig. 10) ;

4° Revenir lentement reposer la plante des pieds sur le sol, le corps reprenant sa position naturelle ;

5° Continuer le mouvement en respirant naturellement par de profondes inspirations et de longues expirations.

Nota. — En prenant comme point de départ le moment où les pieds reposent entièrement sur le sol, le mouvement qui commence à l'élévation sur la pointe des pieds se continue par le retour des talons sur le sol, puis par la flexion de la pointe des pieds vers la partie antérieure de la jambe, se termine par le retour de la pointe des pieds sur le sol.

Par conséquent, pour compter un, il faut avoir accompli l'élévation sur la pointe des pieds, la flexion de la pointe des pieds vers la partie antérieure de la jambe et le retour de la pointe des pieds sur le sol.

Action

1° Par l'élévation sur la pointe des pieds :

Action sur les muscles jumeaux, soléaire, long et court péroniers (fig. 9);

2° Par le retour à la position en reposant lentement les
talons sur le sol :

Action frénatrice (Voir l'explication ci-dessous) sur les mêmes
muscles;

3° Par l'élévation de la pointe des pieds vers la partie antérieure de la jambe :

Action sur les muscles jambier antérieur, extenseur du gros
orteil et extenseur commun des orteils (fig. 10);

4° Par l'inclinaison du haut du buste en avant :

Facilité de fléchir la pointe des pieds vers la face antérieure
de la jambe. Cette inclinaison du corps en avant permet
même un mouvement plus étendu aux muscles qui fléchissent
la pointe du pied sur la jambe (fig. 10);

5° En reposant lentement la plante des pieds sur le sol :

Action des muscles jambier et extenseur, mais cette action
est quelque peu frénatrice à ce moment;

6° Par les longues respirations pendant l'exécution des mouvements :

Action sur les muscles inspirateurs et expirateurs.

Les contractions dynamique, statique, frénatrice

Pour comprendre l'action ou la contraction frénatrice d'un
muscle, il faut connaître les contractions dynamique et statique. En voici donc l'explication :

Tout exercice physique résulte de deux éléments qui sont ·
l'effort musculaire et le mouvement.

L'effort est la cause du mouvement et le mouvement est le résultat de l'effort.

Mais qu'entend-on par effort musculaire?

L'effort musculaire est le moment où le muscle entre en contraction et la physiologie indique à ce propos que : l'effort musculaire se traduit par une contraction, et quand un muscle se contracte, il se raccourcit, ses deux extrémités se rapprochent l'une de l'autre en attirant, si rien n'y met obstacle, les os auxquels elles s'insèrent. C'est ce qui explique assez facilement que l'effort, c'est-à-dire la contraction du muscle, par son raccourcissement, devient la cause du mouvement et que ce dernier est bien le résultat de l'effort.

Prenons maintenant des points de comparaison pour expliquer les différentes contractions :

1° Supposons que je fléchisse mon avant-bras sur mon bras. Mon muscle biceps, fléchisseur, se contracte et détermine ainsi la flexion de mon avant-bras sur le bras. Eh bien, pendant la durée du mouvement, la contraction de mon muscle biceps aura été dynamique et la conclusion en est bien simple. *Un muscle est en contraction dynamique quand il fait un effort pour produire un mouvement ;*

2° Supposons que je veuille fléchir mon avant-bras sur le bras et que j'en sois empêché par une force supérieure à la mienne. Il ne se produira aucun changement de position de mon avant-bras et on opinera qu'il n'y a eu aucun mouvement. Cependant, si le mouvement passe inaperçu au moment où je lutte pour fléchir mon avant-bras, c'est qu'il est très limité, il ne se traduit pas par un changement de position de l'avant-bras, mais par un simple déplacement moléculaire des diverses portions de mon muscle biceps. Et si on observe le biceps au moment où il produit son effort pour tenter d'opérer la flexion de l'avant-bras, on remarque combien ce muscle change d'aspect. En effet, il devient plus dur, plus saillant, ses mollécules se tassent en se rapprochant les unes des autres ; les tendons par lesquels il s'attache se tendent et se soulèvent,

Muscles des jambes (face antérieure)

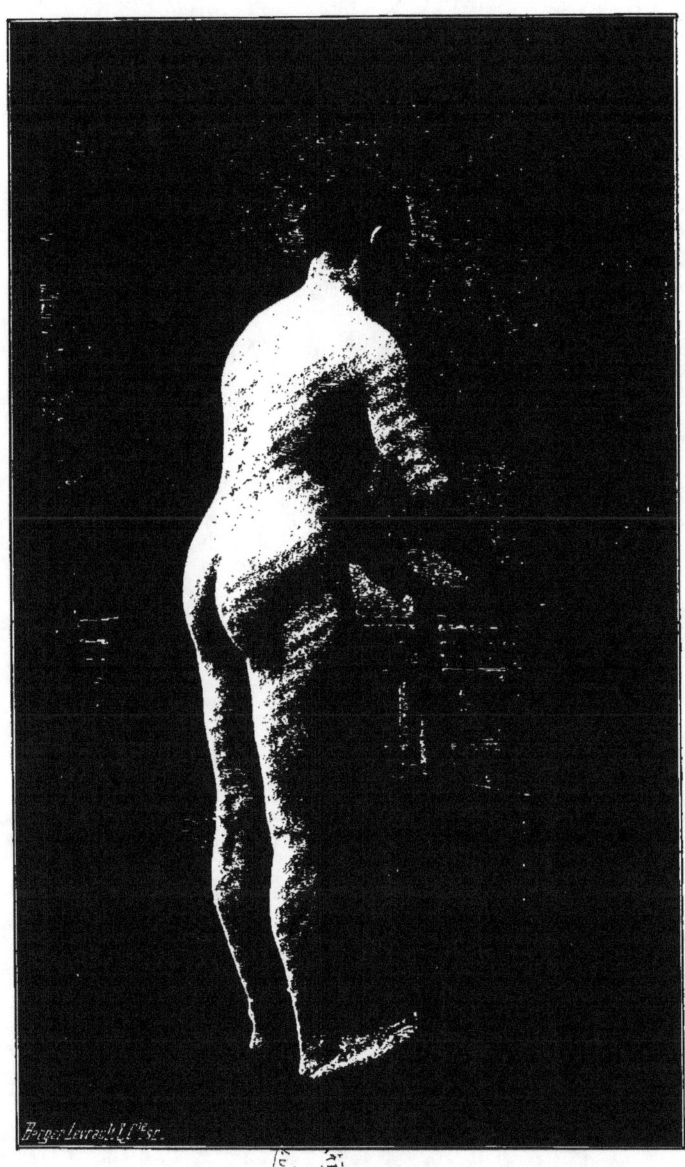

FIG. 10. — Élévation des pointes de pied

(Deuxième phase de l'exercice pour muscles des jambes)

formant ainsi un relief sous la peau. La contraction est alors statique.

Dans la contraction statique, le changement de forme et de consistance du muscle se traduit par un mouvement de concentration de ses fibres. Ce mouvement est très peu étendu, il est vrai, mais il n'en n'est pas moins important à observer attentivement pour noter : qu'*un muscle est en contraction statique quand il fait un effort sans produire de mouvement ;*

3° Supposons enfin que mon avant-bras soit fléchi entièrement sur mon bras et que, dans cette position, j'aie à résister à une force extérieure qui, progressivement, étendra mon avant-bras pour le porter dans le prolongement du bras, il s'opérera pendant l'exécution de ce mouvement une contraction frénatrice de mon biceps et la conclusion qu'on peut en tirer est celle-ci : *un muscle est en contraction frénatrice quand, après avoir déterminé de par son action un mouvement, il résiste progressivement à une force extérieure qui opère lentement le mouvement contraire du sien.* Ou bien, *un muscle est en contraction frénatrice quand il produit un effort pour ne céder que progressivement au mouvement opéré par son antagoniste.*

Mais en réalité, l'expression « contraction frénatrice » d'un muscle n'est pas exacte, en ce sens qu'en physiologie on considère qu'il ne peut y avoir contraction d'un muscle sans que ses deux extrémités se rapprochent l'une de l'autre. Or, dans le cas de notre dernière supposition, les deux extrémités de mon muscle biceps s'éloignent l'une de l'autre, en résistant progressivement à la force extérieure qui finit par étendre l'avant-bras dans le prolongement du bras.

Cependant, à tout bien considérer, il n'en reste pas moins établi qu'un muscle qui éloigne ses deux extrémités l'une de l'autre dans une action dite « frénatrice » fournit, pendant le temps que dure cette action, une résistance soutenue. Cette résistance est le résultat d'un effort et dans l'exercice physique l'effort d'un muscle détermine toujours sa contraction.

Partant de ce principe, il est facile de constater maintenant qu'un muscle, qui est en contraction dynamique quand il rapproche entièrement ses deux points d'insertion et en contraction statique quand ses molécules se resserrent, se trouve en contraction (sans nom) quand il éloigne ses deux extrémités l'une de l'autre ; c'est pourquoi, je donne le nom de : « contraction frénatrice » à la contraction d'un muscle qui éloigne ses deux points d'insertion en résistant progressivement à une force extérieure, ou en résistant graduellement à l'action de son antagoniste.

La désignation « contraction frénatrice » n'est pas usitée en physiologie. J'emploie ce terme sous toutes réserves et je laisse aux physiologistes le soin de juger et de conclure à ce sujet. Néanmoins, j'intéresserai probablement mes lecteurs en détaillant le plus possible, d'une manière claire et précise, le rôle de mes exercices. En tous cas, c'est le seul moyen, je crois, de faire apprécier les mouvements scientifiques et de les rendre ainsi utiles, en même temps qu'accessibles à toute la société.

J'ai démontré les **différentes** contractions d'un muscle en prenant comme exemple le biceps. Ce dernier, connu de tous, est encore celui que se prête le plus commodément aux démonstrations. Pour en revenir aux muscles qui nous intéressent dans ce chapitre, concluons rapidement sur les muscles jumeaux :

1º Dans la position debout, mes muscles jumeaux ont une contraction dynamique quand je m'élève sur la pointe des pieds. Leur effort produit le mouvement qui correspond à leur usage d'extenseurs du pied sur la jambe ;

2º Dans la position debout, si je pose sur mes épaules un poids suffisamment lourd qui rendra vain l'effort que je ferais pour essayer de me hausser sur la pointe des pieds, la contraction que subiront mes jumeaux au moment de cet effort sera statique. On remarquera facilement que si mes muscles jumeaux produisent un effort sans déterminer de mouvement, ils n'agissent pas moins avec beaucoup d'énergie, et la forme qu'ils accusent à cet instant est tout autre que celle qui se révèle sur le modelé extérieur de la jambe lors de leur état de repos ;

3° Enfin, si, après m'être élevé sur la pointe des pieds, je repose très lentement les talons sur le sol en résistant à tout le poids de mon corps, la contraction que subissent mes muscles jumeaux dans ce mouvement est frénatrice.

Pendant la durée de ce mouvement, les jumeaux produisent un effort qui les rend durs jusqu'au moment où les talons reposent sur le sol et leur contraction soutenue a eu pour effet d'éloigner leurs points d'insertion, puisque de globuleux qu'ils étaient, ils ont repris leur élongation naturelle, c'est-à-dire la forme qu'ils occupent à l'état de repos.

On le voit, la contraction frénatrice est contraire à la contraction dynamique, qui occasionne le raccourcissement du muscle, et à la contraction statique qui rapproche aussi plutôt qu'elle n'éloigne les deux extrémités d'un muscle.

Nécessité d'avoir des jambes robustes

Avant de terminer complètement avec les muscles de la jambe, je me permettrai d'émettre ici mon avis personnel sur la nécessité d'avoir des jambes robustes, voici pourquoi :

La cuisse et la jambe constituent le pilier humain ; reposer sur deux bons piliers c'est avoir, en réalité, une force musculaire générale. En effet, quel que soit l'effort que l'on veuille produire, les muscles de la jambe auront toujours à intervenir de la manière la plus énergique. Ainsi, examinons quelques sports : pour pratiquer la marche, la course à pied ou le cross-country, le saut, le football, le cyclisme, la boxe, la lutte, les exercices de poids et haltères, la natation, la joute, l'escrime et même l'équitation, il est évident qu'il est de toute utilité de posséder de bons muscles des jambes et des cuisses et qu'en tous cas le principal effort s'adresse aux muscles des jambes pour l'exécution de tous ces exercices.

Je n'insisterai pas davantage ; j'estime que voilà suffisamment prouvée l'indiscutable nécessité d'avoir de bonnes jambes bien musclées pour être solide.

Dans un autre ordre d'idées, et au point de vue purement hygiénique, il est agréable, quand on ne redoute pas trop la fatigue des jambes (et on dit souvent les jambes donnent du souffle), de pratiquer le sport pédestre. Il est non seulement agréable, mais salutaire, d'accomplir des promenades dans les bois et les forêts, d'ascensionner en montagnes, bien entendu non périlleusement, et de goûter ainsi la volupté de vivre en respirant à pleins poumons le grand air pur qui vivifie le sang. Vraiment, rien ne vaut le sport pédestre, et les bénéfices qu'on en retire l'affirmeront toujours comme supérieur à tous les autres. On peut dire : il est le *nec plus ultra.*

Toutefois, constatons que beaucoup de gens ont une assez grande répulsion pour la marche. Les jambes sont mauvaises, le souffle est court, on évite le plus possible d'aller pédestrement, on ne s'y prépare nullement, pas plus qu'on ne s'est préparé, d'ailleurs, à réagir. Quand par hasard on fait une petite excursion, c'est toute une histoire, on se décourage de plus en plus, on est las, oh ! combien ! Et on finit toujours par bannir le plus beau et le plus sain des exercices, préférant, pour un oui, pour un non, enfourcher sa bicyclette ou ne faire exclusivement que de l'automobile.

Cependant, il est dans la nature de l'homme de se tromper et de réfuter les bonnes causes. Véritablement, il est logique qu'une personne venue au monde faible, ne puisse avoir en elle les principaux éléments de la force physique, et si elle veut pratiquer un sport pour lequel il faut être fort, c'est à elle d'acquérir la puissance et la vigueur indispensables.

La nature, qui a déposé en nous la vie, ne nous empêche aucunement de l'aider et de la secourir au besoin. Aucune raison ne s'oppose à ce que l'homme travaille pour obtenir son maximum de santé, de force et de beauté. Seulement, ne commençons pas par où l'on devrait finir et considérons que si l'alphabet est le premier pas vers la culture intellectuelle, les exercices simples, rigoureusement tirés de la science, constituent le premier pas vers la culture physique, les jeux et les sports.

Il suffit donc à l'homme de persévérer dans les exercices scientifiques. La récompense est le fruit du labeur, et la santé sera cette récompense. De plus, celui qui a le culte de son corps a les qualités que ce culte signifie, et qui sont : sobriété, tempérance, maitrise de soi, équilibre parfait des instincts, des sentiments, de toutes les forces morales et physiques de l'être.

La beauté de l'âme est liée à celle du corps.

CHAPITRE IV

MUSCLES DU DOS

Muscle du dos, *le grand dorsal*. — Sa forme et ses usages. — Exercice n° 4 avec l'indication du nombre de mouvements à exécuter. — La position à prendre dans cet exercice. — L'exécution des mouvements. — L'action sur les muscles agissants. — Le grand rond.

Muscle grand dorsal

Sa forme. — Le muscle grand dorsal forme une vaste nappe musculaire qui s'étend de la région des lombes (sixième et septième vertèbres dorsales) à la partie supérieure du bras. Le dorsal et le trapèze sont les seuls muscles qui soient bien apparents sur l'écorché superficiel du dos. Le relief formé par le bord externe du dorsal se révèle dans la paroi postérieure du creux de l'aisselle, quand on accomplit une traction violente de haut en bas, comme dans l'action de tirer sur une corde verticale (sonneur de cloche) ou de se suspendre par les bras à une barre transversale. Si dans cette situation le sujet se soulève et approche son tronc de la barre, les muscles grands dorsaux deviennent très saillants, car alors ils prennent leurs points fixes sur les bras et agissent sur le tronc pour le porter en haut et en avant. Chez un sujet développé on peut voir se dessiner de chaque côté du buste la gracieuse ligne des dorsaux. La belle forme ovoïde de ces muscles élargit en haut la poitrine et amincit en bas la taille. C'est le plus hygiénique corset que l'on puisse se constituer pour embellir son torse.

Les usages du muscle grand dorsal. — Comme je viens de le relater, si dans l'action de tirer sur une corde verticale, ou de faire une traction à une barre horizontale, le dorsal rapproche le tronc du bras, il rapproche aussi celui-ci du tronc. Par sa contraction, ce muscle abaisse l'omoplate, ou le moignon de l'épaule, puis l'humérus, l'os du bras, qu'il rapproche fortement du tronc en le portant légèrement en arrière, de manière, si la contraction est poussée loin, à venir croiser les deux bras derrière le dos. Le grand dorsal est donc adducteur du bras en bas et en dedans, et cette action correspond exactement en arrière à celle des faisceaux inférieurs du grand pectoral qui sont adducteurs des bras en avant et en bas.

Enfin, le grand dorsal est aussi un inspirateur auxiliaire, il élève les côtes dans l'acte de la respiration.

Pour faciliter son rôle d'inspirateur, c'est en levant les bras de côté qu'il sera préférable d'inspirer dans l'exercice prescrit ci-dessous.

En effet, par leur élévation, les bras tirent les côtes à l'extérieur par l'intermédiaire des dorsaux qui à ce moment jouent leur plus grand rôle d'inspirateurs. L'inspiration profonde à cet instant grandit encore l'action d'inspirateurs auxiliaires de ces muscles.

EXERCICE N° 4

Pour le développement des muscles dorsaux

Cet exercice s'exécute, pour hommes, avec des haltères d'un poids maximum de 3 kilos pour chaque main. Les dames et les enfants l'exécuteront avec des haltères d'un poids variant entre 1 et 2 kilos maximum. En cas d'insuffisance musculaire, les mouvements pourront même s'exécuter à mains libres et fermées, de manière à presser fortement les dos des mains l'un contre l'autre.

Le nombre de mouvements pour cet exercice variera : avec haltères en mains, entre douze et vingt fois ; sans haltères, entre vingt et trente fois.

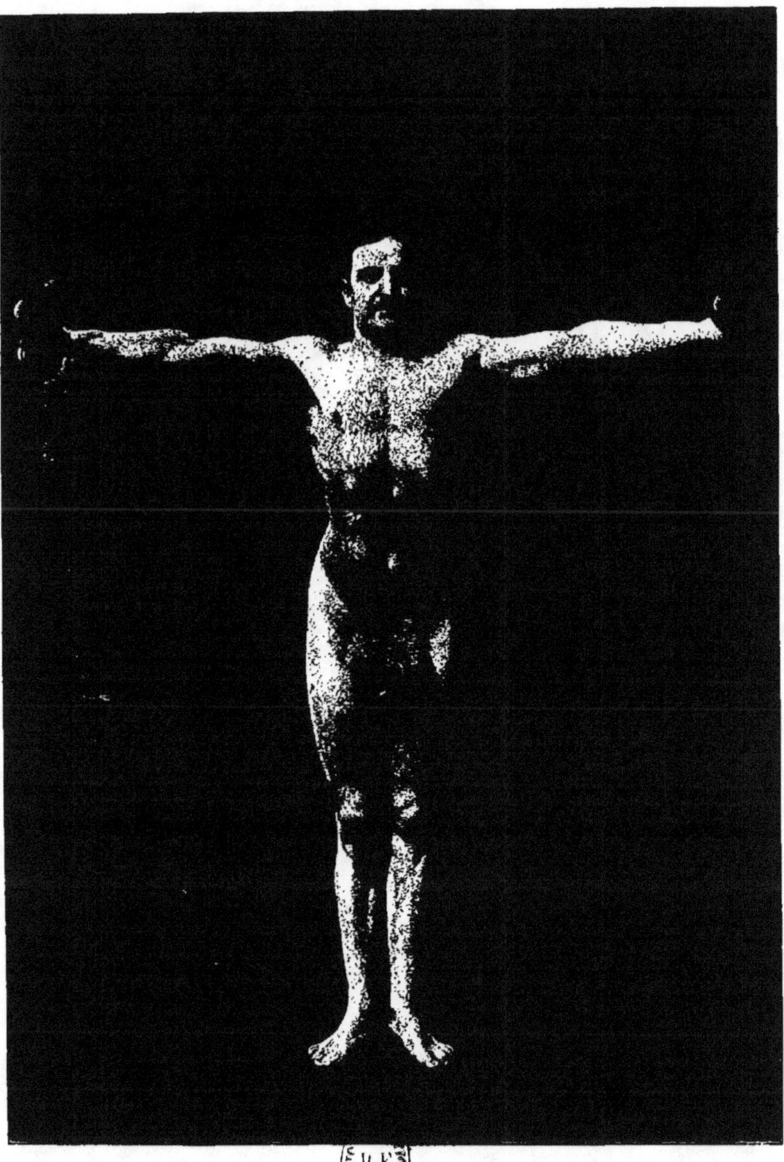

FIG. 11. — Élévation latérale des bras à la hauteur des épaules

(Première phase de l'exercice pour dorsaux)

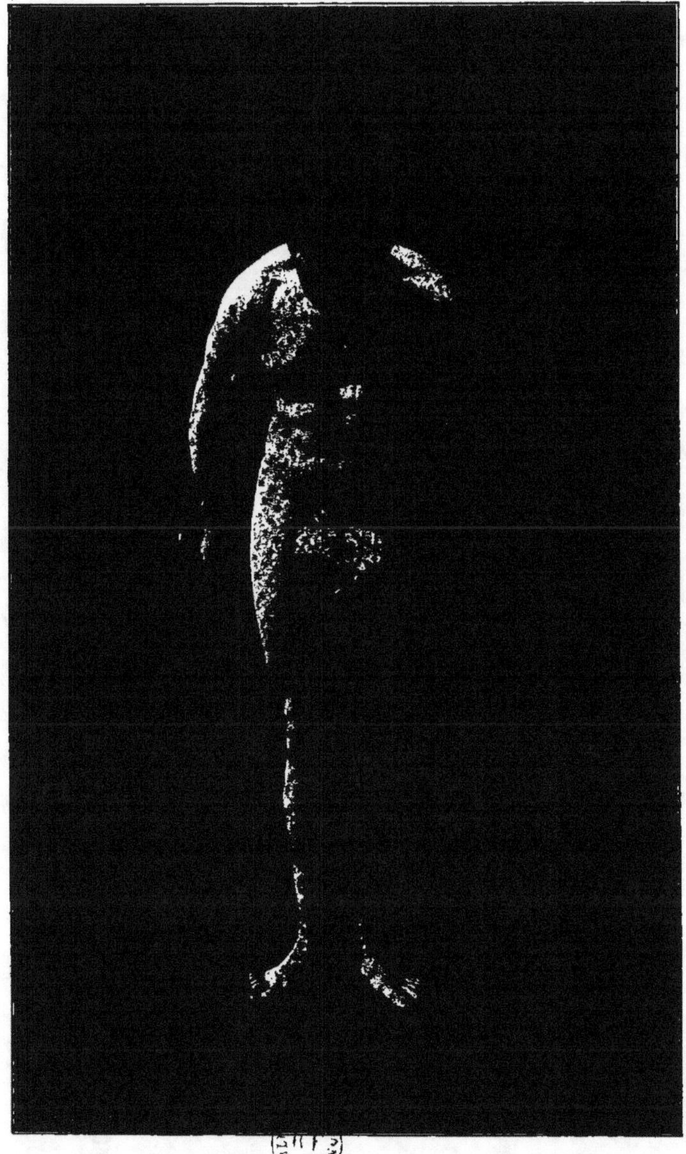

FIG. 12. — **Abaissement des bras avec légère inclinaison
du buste en avant**

(Deuxième phase de l'exercice pour dorsaux)

Position

1° Prendre les haltères en mains, la paume des mains appuyée sur la face externe des cuisses ;

2° Maintenir le corps droit et la poitrine bombée ;

3° Maintenir les jambes jointes et tendues, la pointe des pieds à l'écartement naturel, le poids du corps reposant naturellement.

Exécution

1° Élever les bras latéralement à la hauteur des épaules, les mains en pronation (dos en dessus) [fig. 11] ;

2° Abaisser les bras lentement en inclinant légèrement le haut du buste en avant (fig. 12) ;

3° Tordre les bras en arrière et en bas, de façon à presser le plus possible les dos des mains (ou les boules des haltères) l'un contre l'autre, derrière la région inférieure du dos, les épaules maintenues basses (fig. 13) ;

4° Continuer le mouvement et inspirer profondément en élevant latéralement les bras. Expirer en les abaissant. La pression des dos des mains l'un contre l'autre (ou des boules des haltères) doit permettre une longue et entière expiration.

Nota. — On prendra comme point de départ le moment où on élève les bras latéralement et on comptera un, après avoir pressé les dos des mains (ou les boules des haltères) l'un contre l'autre, derrière la région inférieure du dos.

Action

1° Par l'élévation latérale des bras :

Action sur les fibres moyennes des deltoïdes (fig. 11) [Le muscle de l'épaule est décrit au chapitre suivant];

2° Par l'abaissement des bras :

Action sur les dorsaux (fig. 12 et 13);

3° Par la légère inclinaison du buste en avant :

Contraction des muscles de l'abdomen (fig. 12) [La description des muscles abdominaux est faite au chapitre VI];

4° Par la torsion des bras :

Action sur les muscles *grands ronds* (fig. 13).

Le grand rond. — Ce muscle fait tourner le bras sur son axe en le portant en dedans et en arrière.

Le modelé extérieur du muscle grand rond se confond avec le grand dorsal sur l'écorché superficiel du dos;

5° Par la pression des dos des mains l'un contre l'autre (ou des boules des haltères) :

Action intense sur les dorsaux (fig. 13). De plus, cette pression donne aux épaules une inclinaison de haut en bas et leur imprime un mouvement d'arrière en avant. Ce mouvement provoque la forte contraction du muscle petit pectoral qui accentue à ce moment le modelé du grand pectoral qui le recouvre (fig. 12);

6° Par l'inspiration en élevant les bras de côté :

Action favorable aux muscles inspirateurs;

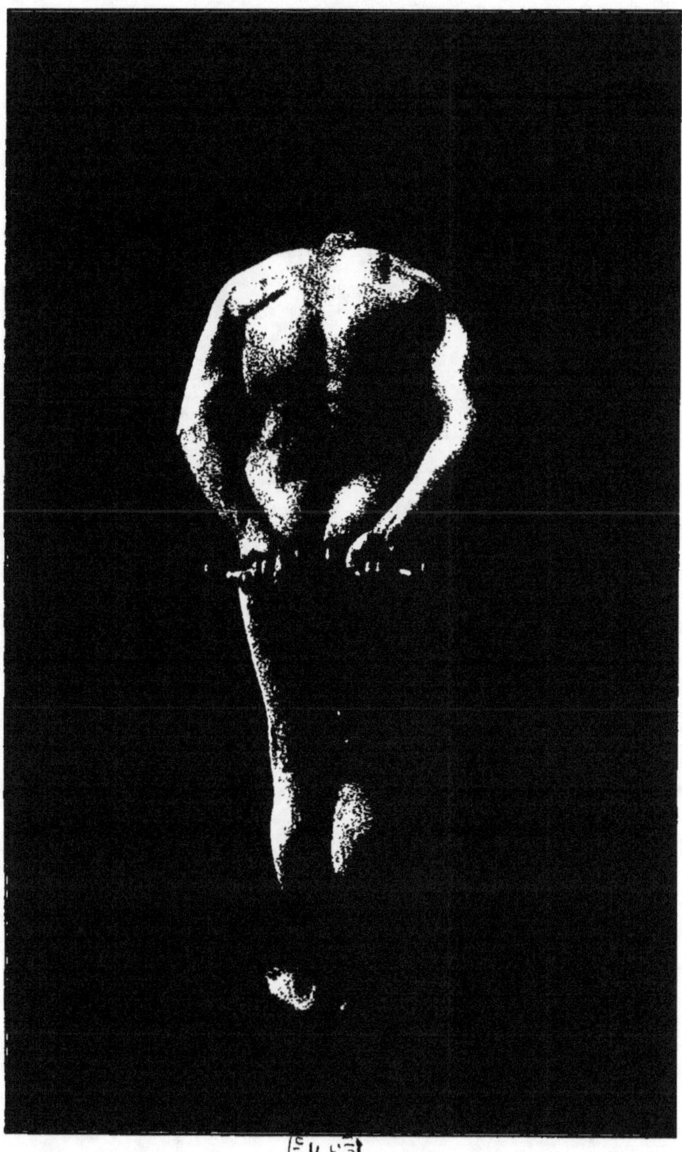

FIG. 13. — **Pression des haltères l'un contre l'autre**

(Troisième phase de l'exercice pour dorsaux)

7° Par l'expiration en abaissant les bras :
Action favorable aux muscles expirateurs.

En outre :

Les muscles inspirateurs et expirateurs sont secondés par leurs auxiliaires.

CHAPITRE V

MUSCLES DE L'ÉPAULE

Muscle deltoïde

SA FORME. — Le muscle deltoïde est très épais. Il constitue tout le modelé de la face supérieure et externe de l'épaule. Il forme de gros faisceaux qu'on peut voir se contracter isolément à travers la peau comme autant de muscles distincts, selon que le mouvement effectué exige plus spécialement la contraction de telle ou telle portion du muscle.

Comme on le verra ci-dessous détaillé, le deltoïde est élévateur du bras qu'il écarte du tronc.

En somme, ce muscle de l'épaule est nettement visible sur le modelé extérieur. En considérant l'épaule de profil, on remarque facilement le deltoïde par la forme qu'il accuse. Cette forme peut être comparée à celle d'un delta grec, c'est-à-dire d'un triangle dont la base est en haut et le sommet en bas. La désignation de « deltoïde » est, du reste, tirée du grec « delta » (forme d'un triangle).

S'insérant d'une part à la clavicule, à l'omoplate (ceinture osseuse de l'épaule) et, d'autre part, à l'humérus (os du bras), il dessine sur ce dernier comme un V en relief, facile à remarquer chez un sujet tant soit peu musclé.

LES USAGES DU MUSCLE DELTOÏDE. — Le muscle deltoïde est élévateur du bras tendu ou fléchi en tous sens. Il se divise en trois gros groupes de faisceaux qui sont : le groupe des faisceaux moyens, le groupe des faisceaux antérieurs, le groupe des faisceaux postérieurs.

Ces trois groupes ont une action à la fois correspondante entre eux et particulière à chacun. Ainsi le groupe moyen ou latéral se contracte particulièrement à l'élévation du bras de côté, tandis que le groupe antérieur se contracte à l'élévation du bras en avant et le groupe postérieur agit lors de l'élévation du bras en arrière.

En résumé, il en est de même pour les faisceaux du deltoïde que pour ceux du grand pectoral. Chacun des trois faisceaux a son rôle propre et en même temps il est un peu le congénère des autres.

Le moment d'un muscle. — On sait que les muscles disposés sur le squelette ont pour action d'en mouvoir ses diverses pièces les unes sur les autres, c'est-à-dire que les muscles sont les agents actifs du mouvement dont les os sont les leviers passifs. Or, ce qu'il y a d'intéressant à remarquer pour le muscle qui nous occupe, le deltoïde, c'est que, à quelque période de son action qu'il soit arrivé, il n'est jamais dirigé perpendiculairement sur son levier, l'humérus. Au contraire, il est toujours très obliquement placé sur ce levier et il en résulte que, quoique très épais, ce muscle ne peut agir avec une grande énergie ; c'est pourquoi l'attitude qui consiste à maintenir le bras horizontalement est une de celles qui demandent le plus d'effort et qui provoquent le plus rapidement la fatigue.

On comprendra facilement combien la disposition du muscle deltoïde est peu favorable au levier qu'il meut, en prenant comme point de comparaison le muscle biceps (traité au chapitre I).

Le muscle biceps, qui s'insère obliquement sur le levier qu'il actionne, c'est-à-dire le radius (os de l'avant-bras correspondant au pouce), devient perpendiculaire à ce levier au fur et à mesure qu'il en opère la flexion. Il est facile de remarquer que, quand on fléchit l'avant-bras sur le bras, le biceps est bien perpendiculaire à l'avant-bras, à l'instant même où celui-ci forme avec le bras un angle droit. On concevra que, placé dans cette position, le biceps se trouve dans la condition la plus favorable pour agir avec toute l'énergie possible. Ainsi, si on expérimente le fait, en achevant la flexion de l'avant-bras, avec un poids assez lourd dans la main, on se rendra compte que la continuation du mouvement n'a entraîné aucune difficulté. Cette situation du muscle placé perpendiculairement au levier qu'il actionne se nomme le « moment du muscle » (1).

On peut en conclure que le deltoïde n'a pas de moment, sa situation n'étant jamais perpendiculaire au levier sur lequel il agit, l'humérus, et que par conséquent cette disposition est peu favorable. C'est pourquoi il est très pénible de soulever à bras tendu, même un faible poids. Il faut considérer comme ayant des deltoïdes puissants les personnes qui peuvent porter à bras tendus des haltères de 15 kilos.

EXERCICE N° 5

Pour le développement des muscles deltoïdes

Cet exercice s'exécute pour hommes avec des haltères d'un poids variant entre 3 et 4 kilos maximum pour chaque main.

Les dames et les enfants l'exécuteront avec des haltères d'un poids variant entre 1 et 2 kilos maximum.

Les sujets faibles peuvent, pour cet exercice, prendre des haltères d'un poids de 1 kilo. Exécutés à mains libres, les mouvement de cet exercice ne nécessiteraient aucune force et n'auraient, par ce seul fait, aucune portée.

Le nombre de mouvements à accomplir variera entre 12 et 25 fois.

____

(1) Cette définition du mot « moment » n'est pas exactement celle qu'on donne en mécanique. Mais elle suffit dans la pratique et est plus claire pour la culture physique.

Position

1° Prendre les haltères en mains, le dos des mains tourné en avant, les bras allongés, la paume des mains appuyée sur la partie antérieure (devant) des cuisses ;

2° Maintenir la poitrine bombée ;

3° Maintenir les jambes jointes et tendues, les pieds à l'écartement naturel, le corps légèrement incliné en avant et portant uniquement sur la plante des pieds.

Exécution

1° Lever alternativement les bras tendus au-dessus et en arrière de la tête en décrivant un demi-cercle en avant, de bas en haut, et de haut en bas dans le retour à la position (fig. 14);

2° Inspirer profondément et expirer longuement pendant l'exécution des mouvements.

Nota. — La respiration étant au gré de l'élève, il sera utile pour lui d'observer cette prescription.

De plus, on prendra comme point de départ le moment où on élève le bras droit et on comptera un, deux, etc., chaque fois que ce bras arrivera au-dessus et en arrière de la tête.

Action

1° Par l'élévation alternative des bras tendus au-dessus de la tête :

Action sur les trois faisceaux des deltoïdes, plus intense sur les faisceaux antérieurs ;

2° Lors de l'élévation alternative des bras tendus au-dessus de la tête :

On voit également apparaître nettement sous la peau le muscle grand dentelé.

FIG. 14. — Élévation alternative des bras tendus
au-dessus et en arrière de la tête

Le grand dentelé. — Il occupe les parties latérales de la cage thoracique. Caché dans sa plus grande étendue par l'omoplate et la musculature de l'épaule, il apparaît par sa partie inférieure sur l'écorché superficiel. Il forme alors par ses digitations saillantes (de *digitus,* doigt, forme de doigt) une série de détails des plus caractéristiques sur le modelé de la région latérale du thorax. Lors de l'élévation du bras, on aperçoit très visiblement ses trois ou quatre dernières digitations (les plus inférieures), s'entrecroisant avec les digitations supérieures du muscle grand oblique de l'abdomen. On dirait autant de doigts qui se dessinent sur chaque partie latérale du thorax.

Le grand dentelé fixe l'omoplate en tirant cet os en bas et en avant, alors que son antagoniste, le *rhomboïde,* le tire en haut et en arrière. Je relate ce détail parce que je juge intéressant d'attirer toute l'attention du lecteur sur le mécanisme du mouvement. Ainsi la fixation de l'omoplate maintenue par ces muscles assure un point fixe à ceux de l'épaule et du bras. Rien que par ce fait on se rendra compte qu'aucun muscle n'agit seul. Comme je le décris d'ailleurs ci-dessous, il y a intérêt à noter la dépendance qu'ont les muscles entre eux pour ensuite tirer parti des prescriptions qui font l'objet du paragraphe dit « Position » ;

3° Par l'effort du bras tendu en arrière de la tête, dans l'élévation alternative au-dessus et en arrière de la tête :

Action sur la partie supérieure du muscle trapèze (fig. 14);

4° Par le maintien du corps légèrement incliné en avant et portant uniquement sur la plante des pieds :

Contraction statique des muscles extenseurs des cuisses (Voir chap. VIII), des muscles fessiers et des muscles lombaires (fig. 14).

Les fessiers. — Sont les muscles qui forment le modelé de la face postérieure du bassin. Ils sont pour ainsi dire aux jambes ce que les deltoïdes sont aux bras : les muscles de la face postérieure du bassin sont élévateurs de la jambe tendue ou fléchie sur le côté et en arrière.

Les lombaires. — Sont constitués par des muscles profonds. Ils forment sur le modelé extérieur du dos, à la région des lombes ou des reins, deux puissantes masses charnues faisant saillie sous la peau. Ces muscles sont les extenseurs du tronc. Ils se contractent fortement quand on renverse le buste en arrière ;

5° Par une inspiration profonde et une longue expiration :
Action favorable aux muscles inspirateurs et expirateurs (chap. X).

Importance qu'il y a à observer la position indiquée pour l'accomplissement des exercices

Le moindre mouvement exécuté par la machine humaine nécessite l'entrée en jeu d'un grand nombre de rouages. Quand un muscle se contracte ; il arrive toujours que les muscles voisins, souvent même des muscles très éloignés, agissent avec lui et s'associent à son travail. Ainsi analysons ce qui se passe exactement dans le mouvement qui nous intéresse :

Pour qu'on puisse mouvoir le bras de bas en haut et de haut en bas, il faut que l'épaule soit fixée pour lui fournir un point d'appui. L'épaule elle-même doit être immobilisée sur la colonne vertébrale et le thorax. Mais le thorax et la colonne vertébrale étant supportés par le bassin et celui-ci par les membres inférieurs, tout le corps est obligé de s'associer au mouvement du deltoïde. Les muscles des cuisses se contractent pour assurer au corps l'équilibre nécessaire pendant toute la durée de la station verticale et d'inclinaison en avant. Les muscles du bassin produisent un petit effort pour maintenir le bassin en arrière. Cette action détruit toute tendance de renversement du buste et elle facilite le maintien de la poitrine bombée. Les muscles lombaires eux aussi produisent suffisamment d'effort pour empêcher le buste de fléchir en avant. De la sorte, la colonne vertébrale, solidement maintenue, assure la fixité du thorax. Celui-ci à son tour maintient l'omoplate et la clavicule, c'est-à-dire l'épaule immobile, et le muscle de l'épaule, le deltoïde, peut alors prendre son point fixe sur cette dernière pour mouvoir le bras avec toute l'énergie désirable.

On le voit, il y a donc intérêt à prendre la position indiquée pour tirer parti de tout le bénéfice qu'un exercice peut donner.

CHAPITRE VI

MUSCLES ABDOMINAUX

Muscle long droit antérieur de l'abdomen

Sa forme. — Le long droit ou le grand droit antérieur de l'abdomen est un muscle pair, un de chaque côté de la ligne médiane qui va du creux épigastrique (creux de l'estomac) jusqu'à la région du pubis (partie inférieure du bassin, face antérieure). Ce muscle forme de chaque côté de cette ligne une large et longue bande charnue. Au point de vue des formes, il présente plusieurs particularités remarquables : 1º il est placé dans un fourreau ou gaine fibreuse formée par l'aponévrose de deux muscles qui l'avoisinent. Les aponévroses sont des membranes blanches et résistantes qui enveloppent les muscles et qui servent à les fixer aux os ; de sorte que le modelé extérieur du long droit abdominal est à demi voilé par ces membranes aponévrotiques ; 2º ses fibres charnues présentent des interruptions ou intersections aponévrotiques, c'est-à-dire des lignes transversales au niveau desquelles les fibres charnues sont remplacées par de courtes fibres tendineuses. Ces intersections aponévrotiques sont en général au nombre de trois. La plus inférieure est placée au niveau de la cicatrice ombilicale, les deux autres au-dessus, dans l'espace compris entre le nombril et le creux de l'estomac. Ces intersections adhèrent à la paroi antérieure de la gaine du muscle et comme à leur niveau le muscle est moins épais, chacune d'elles se traduit sur l'écorché par une gouttière transversale plus ou moins régulière ; 3° la partie sous-ombilicale du muscle ne présente pas d'intersection aponévrotique, mais elle va en diminuant rapidement de largeur depuis l'ombilic jusqu'au pubis, de sorte que le bord externe du muscle est oblique de haut en bas et de dehors en dedans, c'est-à-dire qu'il se termine en forme de V. En résumé, chez un sujet musclé qui fléchit légèrement le buste sur le membre inférieur, on voit se révéler, de chaque côté de la ligne médiane du ventre, trois bourrelets musculeux séparés les uns des autres et de haut en bas par les intersections dont il vient d'être fait mention. Parfois les abdominaux, comme l'on dit communément, ne se correspondent pas ; les trois bourrelets de chaque côté de la ligne du milieu s'entre-croisent entre eux plutôt que de se correspondre symétriquement.

LES USAGES DU MUSCLE GRAND DROIT ANTÉRIEUR DE L'ABDOMEN. — Le long droit abdominal a pour action de fléchir le tronc, c'est-à-dire d'abaisser la cage thoracique en la rapprochant du pubis, mouvement qui s'accomplit par la flexion de la colonne vertébrale. On peut se rendre compte de l'action des muscles abdominaux dans les actes du travail professionnel qu'accomplissent le terrassier qui manie la pioche, le bûcheron qui manœuvre la cognée, le forgeron qui frappe sur l'enclume. Tous ces différents travaux nécessitent la flexion du tronc, et l'effort qui fait ployer les reins à ceux qui les exécutent, a son origine dans les muscles de l'abdomen qui sont les fléchisseurs de la colonne vertébrale. Donc tous ces ouvriers travaillent surtout « du ventre » et non « des reins », comme on le dit parfois.

Indépendamment de leur action de fléchisseurs de la colonne vertébrale, les longs droits abdominaux secondent dans leur rôle les muscles du tube digestif. Ceux-ci sont lisses et ne

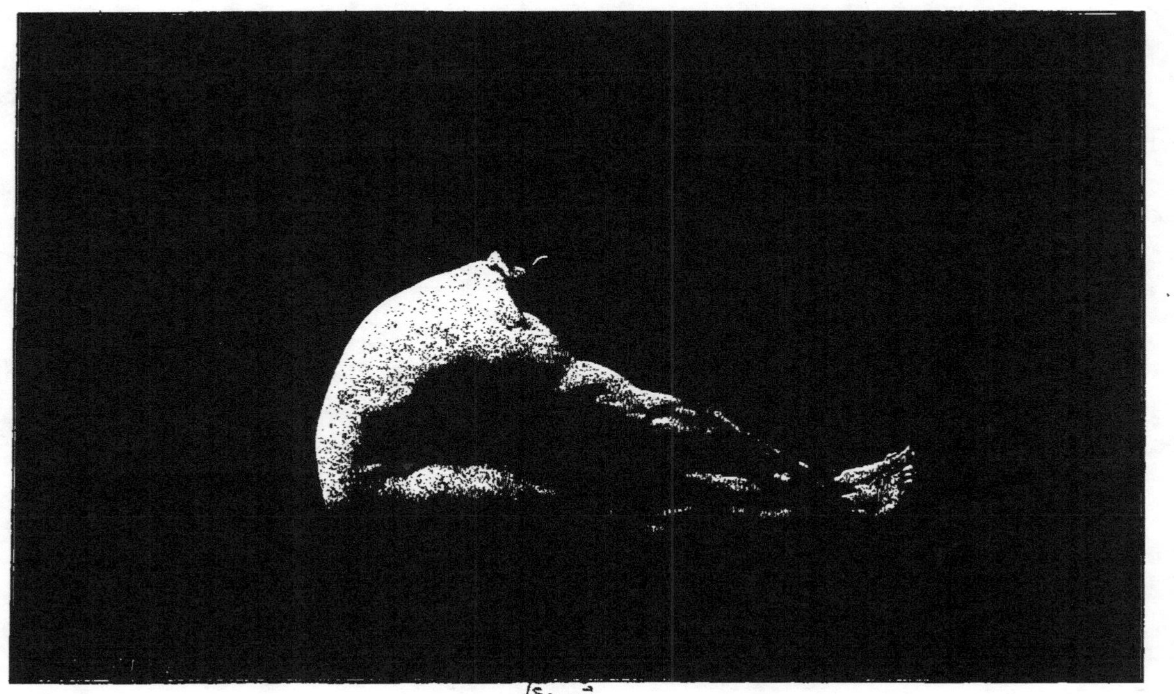

FIG. 15. — Lancer les mains sur la pointe des pieds en fléchissant le buste sur le membre inférieur

(Première phase de l'exercice pour abdominaux

sont pas soumis au commandement de notre volonté, tandis que les muscles rouges sont striés, ils constituent la chair ou la viande et ils dépendent de notre volonté.

On peut donc volontairement, par l'exercice des muscles abdominaux et obliques (chap. IX), faciliter les contractions péristaltiques auxquels sont soumis nos muscles intestinaux.

Par ce fait même on régularise les fonctions digestives, point capital pour la santé. Aussi je termine ce chapitre par une causerie scientifique sur l'importance qu'il y a à faire des mouvements abdominaux.

Le pyramidal

Ce petit muscle se confond avec les deux droits abdominaux à leur partie inférieure. Ce muscle, toujours doublé d'une couche de tissu graisseux, n'apparaît jamais sur le modelé extérieur.

EXERCICE N° 6

Pour le développement des muscles abdominaux

Ce mouvement s'exécute couché sur le dos les mains libres. S'il est d'une exécution trop violente pour les débuts, on le rendra plus facile en se faisant appuyer sur les jambes au-dessus de la cheville. Mais, dès que l'élève aura gagné suffisamment de force, il accomplira le mouvement de flexion du buste comme il est prescrit au paragraphe dit : « Exécution ». Le nombre de mouvements variera pour homme entre 15 et 20 fois, pour dames et enfants entre 8 et 12 fois.

Position

1° Couché sur le dos, les jambes jointes et tendues, la pointe des pieds dans le prolongement des jambes ;

2° Reposer les bras étendus en arrière dans le prolongement du corps, le dos des mains posé sur le sol.

Exécution

1° Lancer vigoureusement les bras en avant, profiter de leur impulsion pour soulever le buste et porter les mains vers la pointe des pieds (fig. 15);

2° Revenir à la position, les jambes restant toujours fixées au sol, en reposant délicatement les épaules sur le sol. Résister pour cela avec la paroi abdominale (fig. 16);

3° Inspirer fortement en reposant les épaules sur le sol et expirer longuement en jetant les mains vers la pointe des pieds.

Nota. — On prendra comme point de départ le moment où on soulève le buste et on comptera un, deux, etc., chaque fois que les mains toucheront la pointe des pieds.

Action

1° Par le soulèvement du buste en avant en lançant vigoureusement les bras en avant :
Action sur les droits abdominaux et les muscles obliques (chap. IX).
Les muscles extenseurs des cuisses (chap. VIII) ont une action assez localisée, en ce sens qu'ils se contractent lors du soulèvement du buste, leur action seconde à cet instant le rôle des abdominaux (fig. 15);

2° Par le retour à la position en reposant délicatement les épaules sur le sol :
Action frénatrice des abdominaux, des muscles obliques et action dynamique des extenseurs des cuisses. La contraction des extenseurs permet au buste de ne reposer que lentement sur le sol. Cette action renforce celle des abdominaux et des obliques (fig. 16);

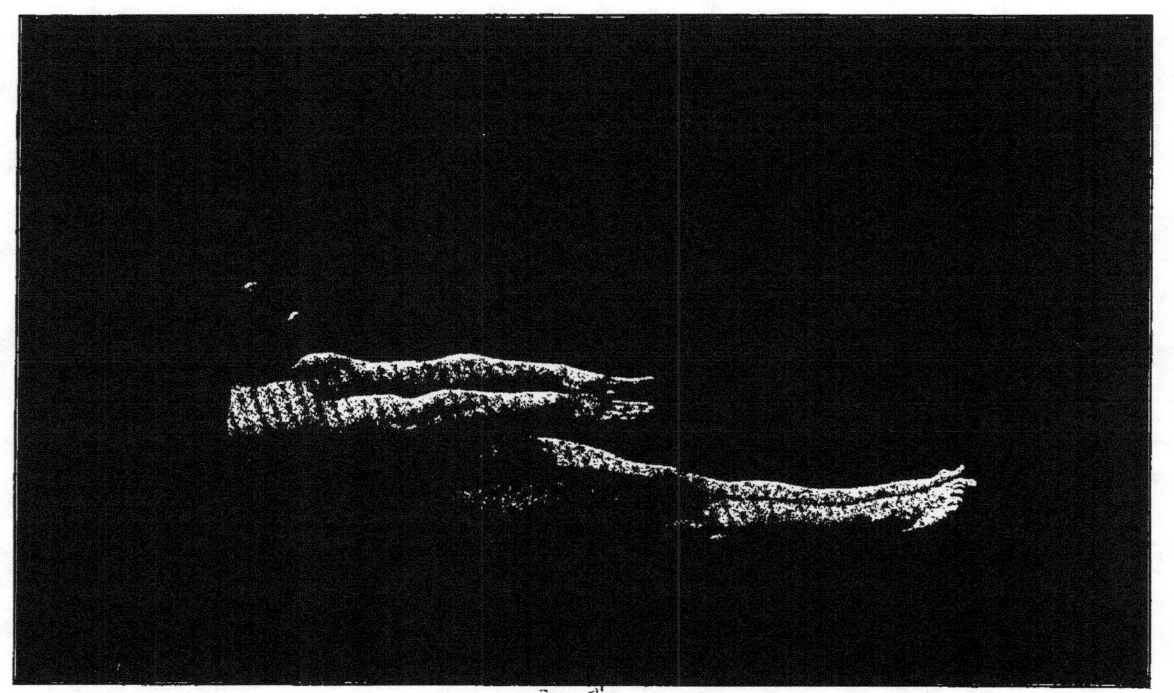

FIG. 16. — **Reposer délicatement les épaules sur le sol**

(*Deuxième phase de l'exercice pour abdominaux*)

3° Par l'inspiration et l'expiration :

Action sur les muscles inspirateurs et expirateurs.

En outre :

Pendant toute la durée du mouvement, les deltoïdes, parties postérieures et antérieures, se contractent selon la position des bras. Puis les triceps agissent également quand les bras sont allongés en avant, faisant un effort pour permettre aux mains de toucher la pointe des pieds (fig. 15).

L'importance des mouvements abdominaux

C'est une loi signalée par tous les physiologistes que la nature utilise, dans l'accomplissement des fonctions vitales, non seulement les organes spécialement affectés à l'acte fonctionnel lui-même, mais, de plus, des organes accessoires attachés à d'autres fonctions.

De cette solidarité des appareils vitaux résulte, on le comprend aisément, une économie de travail pour l'organe principal qui peut s'acquitter de sa tâche avec une moindre dépense de force.

Mais il peut en résulter parfois une insuffisance de la fonction, quand vient à faire défaut la collaboration accoutumée de l'organe auxiliaire, dont le concours a été prévu et, pour ainsi dire, « escompté » par la nature.

Cette loi n'est nulle part aussi facile à vérifier que dans l'appareil digestif. Pour qu'elle s'impose à l'esprit, il suffit de jeter un coup d'œil sur la disposition anatomique de la cavité abdominale où sont contenus l'appareil digestif et ses annexes.

En voici la disposition schématique :

Cette cavité est limitée en avant par les muscles qui nous intéressent, les droits abdominaux, et sur les côtés, par les grands et petits obliques (chap. IX). Plus en arrière se trouve la masse lombaire. En haut, la voûte du muscle diaphragme, dont il sera fait mention au chapitre X, forme encore un plan musculaire et le bassin se ferme en bas par les muscles de sa partie inférieure. En arrière seulement la, paroi est renforcée par une muraille osseuse, la colonne lombaire (vertèbres de la région des reins). Mais partout, même au niveau des parties osseuses qui la limitent, la cavité abdominale est doublée d'un revêtement musculaire, les parois solides constituées par les vertèbres lombaires et les os du bassin étant recouvertes et comme capitonnées par les épais faisceaux du muscle psoas iliaque.

Ainsi, il n'est aucune portion des viscères abdominaux qui ne se trouve en contact immédiat avec des muscles, et l'on peut concevoir la cavité abdominale comme une vaste poche musculaire dans laquelle serait enfermé tout l'appareil digestif.

Cette disposition ne pouvait être un agencement fortuit ; elle impose forcément à l'esprit l'idée d'un rôle important joué par les muscles dans le fonctionnement de l'appareil digestif.

En effet, les muscles abdominaux superficiels et profonds peuvent être considérés comme des organes annexes de cet appareil. Leur rôle mérite d'être analysé avec attention. Il est à la fois dynamique et statique.

J'entends par là que ces muscles sont utiles aux fonctions digestives, non seulement quand ils provoquent des mouvements, mais encore dans l'état d'immobilité.

Étudions d'abord leur rôle comme organes moteurs.

Dans l'estomac, dans le gros et le petit intestin doivent se passer des actes mécaniques très importants qui ont pour objet de malaxer et de pétrir les aliments ingérés, pour les mélanger intimement avec les sucs gastriques et intestinaux, de faire cheminer le bol alimentaire dans toute la longueur du canal digestif et finalement, d'expulser au dehors les résidus qui n'ont pas été utilisés par l'absorption. Le déplacement régulier des matières alimentaires, indispensable à l'accomplissement normal de la digestion, est assuré par le travail des tuniques musculaires dont les mouvements, appelés « contractions péristaltiques », sont, comme on sait, indépendants de la volonté. Mais les muscles abdominaux viennent prêter un puissant concours aux fibres musculaires de l'intestin et de l'estomac en soumettant toute la masse des viscères à une série de pressions, de déplacements et de secousses, chaque fois qu'ils entrent en travail.

Les mouvements volontaires du bassin et du tronc auxquels ces muscles président secondent puissamment l'effet des mouvements automatiques et involontaires des parois musculaires du tube digestif, et sont nécessaires à la régularité de toute une série d'actes physiologiques dont la perversion ou l'insuffisance s'accompagnent toujours de troubles digestifs. Les muscles abdominaux sont donc de puissants auxiliaires des tuniques musculaires du tube digestif, qui deviendraient insuffisantes à parfaire leur tâche si elles n'étaient secondées par eux.

En résumé, une digestion normale suppose, pour s'effectuer, non seulement les mouvements péristaltiques provoqués par les tuniques moléculaires du tube digestif, mais encore une série de mouvements communiqués aux viscères abdominaux par le déplacement et le changement d'attitude du tronc. Les digestions seront imparfaites si ces mouvements n'interviennent pas un certain nombre de fois dans la journée.

Considérons donc les exercices pour les muscles abdominaux comme un complément indispensable des mouvements involontaires et automatiques exécutés par les parois du tube digestif et qui ont pour effet de « brasser » les aliments, de les pétrir, de les mélanger intimement aux sucs digestifs et de les faire cheminer à une allure suffisamment rapide à travers les diverses portions de l'estomac, du petit et du gros intestin.

L'homme de la classe dite « aisée », qui s'est affranchi du travail corporel, se trouve avoir par cela même abdiqué en quelque sorte une fonction naturelle et supprimé de sa vie une série d'actes extérieurs qui sont complémentaires d'autres actes internes essentiels. Faute de cet appoint qui leur est nécessaire pour parfaire leur travail, les tuniques musculaires ne suffisent pas à leur tâche et accomplissent imparfaitement les actes mécaniques sans lesquels la digestion serait impossible.

Ces actes devenant plus lents, les fonctions sont « paresseuses », les aliments séjournent trop longtemps dans l'estomac, et les résidus alimentaires circulent péniblement à travers les replis intestinaux.

Il est à peine besoin de rappeler comme preuve à l'appui de l'importance des mouvements abdominaux, la fréquence extrême des troubles digestifs chez les hommes de bureau, et la paresse des fonctions intestinales dont se plaignent si communément les hommes même de la vie très active, mais dont l'activité se manifeste uniquement par la marche, c'est-à-dire par un exercice qui ne leur donne pas l'occasion de se coucher, de se baisser, de se retourner sur eux-mêmes, en un mot de faire fonctionner les muscles de l'abdomen, en se livrant à la culture physique.

Je cite ce dernier cas pour bien faire ressortir que l'homme doit chaque jour, pour se bien porter, mettre en jeu tous les rouages de la machine humaine.

Cette petite causerie peut donner au point de vue général une juste idée de ce que sont à l'organisme tout entier les exercices corporels. Chacun d'eux a un rôle qui lui est particulier, celui de développer en force et en volume le muscle auquel il s'adresse. Mais indépendamment de cette propriété, l'exercice est indispensable à l'hygiène et aux fonctions corporelles.

CHAPITRE VII

MUSCLES DE L'AVANT-BRAS

Les muscles superficiels de l'avant-bras répartis en deux régions : 1º La région antérieure ou de la face antérieure de l'avant-bras : muscles radiaux, long supinateur, rond pronateur, petit et grand palmaire, cubital antérieur. — Leurs formes et leus usages. — 2º La région postérieure ou de la face posérieure de l'avant-bras : muscles long abducteur et court extenseur du pouce, extenseur commun des doigts et propre du petit doigt, cubital postérieur, l'anconé. — Leurs formes et leurs usages. — Couche profonde des fléchisseurs des doigts. — Exercice nº 7 pour le développement des muscles de l'avant-bras avec le nombre de mouvements à exécuter, la position, l'exécution et l'action dans l'exercice.

Les muscles de l'avant-bras sont en général fusiformes ; ils se terminent inférieurement par des tendons souvent très longs qui dessinent leurs saillies à la région du poignet. Ces muscles sont au nombre de vingt. Ils ont pour action de faire évoluer la main en tous sens. Ils n'apparaissent pas distinctement sur le modelé extérieur de l'avant-bras. S'unissant entre eux, ils forment de grosses masses qui recouvrent le squelette de l'avant-bras, composé du radius correspondant au pouce et du cubitus correspondant au petit doigt.

Je ne donnerai qu'une sommaire explication de tous ces muscles pour en arriver rapidement à l'exercice susceptible de les développer.

Face antérieure

En considérant l'avant-bras par sa *face antérieure,* la paume de la main en dessus, les muscles superficiels sont en allant du côté externe (pouce) au côté interne (petit doigt) : les radiaux, le long supinateur, le rond pronateur, les palmaires et le cubital antérieur.

Muscles radiaux

Leur forme et leurs usages. — Les deux radiaux, distingués en premier et second radial externe, forment le côté externe de la face antérieure de l'avant-bras, celui-ci reposant naturellement la paume de la main tournée en dessus. Mais les radiaux sont en partie cachés par le long supinateur dont ils augmentent la saillie. L'action du premier et du second radial est l'extension de la main avec inclinaison vers le côté externe.

Muscle long supinateur

Sa forme et ses usages. — Malgré son nom, ce muscle n'est pas essentiellement supinateur, il ne le devient que lorsque l'avant-bras est dans une pronation forcée, et il le ramène alors dans une position intermédiaire à la pronation et à la supination. Son action principa'e est la flexion de l'avant-bras sur le bras, et dans ce mouvement son modelé se révèle à l'extérieur d'une manière particulièrement nette, sous la forme d'une bande saillante qui part du bras et forme sur la partie antéro-externe du coude une forte masse charnue comblant de ce côté la concavité de l'angle produit par la position fléchie de l'avant-bras sur le bras.

Aussi peut-on dire que le long supinateur est le plus important des muscles de l'avant-bras au point de vue de la part qu'il prend au modelé de la région.

Muscle rond pronateur

Sa forme et ses usages. — Le rond pronateur est visible sur le modelé extérieur, il se dirige obliquement en bas et en dehors pour disparaitre sous le long supinateur. Il forme le

Muscles de l'avant-bras

FIG. 17. — **Flexion des mains et des doigts sur l'avant-bras**

(Première phase de l'exercice pour muscles de l'avant-bras)

côté interne très oblique du creux triangulaire du coude, dont le côté externe vertical est formé par le long supinateur. La contraction du rond pronateur a pour effet de produire la pronation.

Muscles palmaires

LEUR FORME ET LEURS USAGES. — Les palmaires se confondent avec le muscle précédent, dont l'un des bords, on le sait, forme le côté interne du creux du coude. Fléchisseurs de la main sur l'avant-bras, les palmaires, lors de leur contraction, soulèvent fortement la peau au niveau de la partie inférieure de l'avant-bras et forment, le grand palmaire, la première saillie tendineuse qu'on rencontre à ce niveau en allant du bord radial (pouce) au bord cubital (petit doigt), le petit palmaire, la saillie très accentuée placée sur la ligne médiane, en dedans de la saillie précédente.

Le petit palmaire manque chez certains sujets.

Muscle cubital antérieur

SA FORME ET SES USAGES. — Le cubital antérieur se confond avec les palmaires. On peut dire qu'il forme le côté interne de l'avant-bras, donnant ainsi à celui-ci une forme arrondie sur toute l'étendue du bord interne. Le modelé du cubital ne se traduit à aucun niveau par une saillie accusée comme celles des tendons des muscles précédents. Le cubital est fléchisseur de la main sur l'avant-bras qu'il incline en même temps vers le petit doigt.

Face postérieure

En considérant maintenant l'avant-bras par *sa face posté-rieure*, le dos de la main en dessus, les muscles superficiels sont en allant du pouce (qui devient maintenant le côté interne) au petit doigt (qui devient le côté externe) : l'extenseur commun des doigts et ses tendons, l'extenseur propre du petit doigt, le long abducteur et le court extenseur du pouce, le cubital postérieur et l'anconé.

Tout d'abord, en examinant l'avant-bras par sa face postérieure, on remarque, bordant le côté interne, le long supinateur et les radiaux. La masse que constituent ces muscles déborde aussi bien sur la face antérieure que sur la face postérieure de l'avant-bras. Cependant elle forme le côté externe de l'avant-bras quand celui-ci est placé naturellement, c'est-à-dire la paume de la main en dessus. Mais pour en revenir à ma description, le dos de la main se trouvant en dessus, l'avant-bras occupe une position qui rend interne le côté allant du pouce au pli du coude. Donc en observant ce côté, au tiers inférieur, on remarque le long abducteur et le court extenseur du pouce.

Long abducteur et court extenseur du pouce

LEUR FORME ET LEURS USAGES. — Ces deux muscles intimement liés émergent de la profondeur de l'avant-bras pour former, à l'endroit ci-dessus indiqué, un relief qui s'accentue particulièrement quand on ferme fortement la main. La proéminence que forme ce relief se dirige obliquement de haut en bas, c'est-à-dire vers le pouce. Comme usages, le long abducteur du pouce écarte celui-ci des autres doigts, et le court extenseur, qui a pour congénère le long extenseur, non apparent, étend le pouce sur la main.

Extenseur commun des doigts — Extenseur propre du petit doigt et cubital postérieur

LEUR FORME ET LEURS USAGES. — Ces trois muscles constituent la masse charnue qui se révèle sur le modelé de la face postérieure quand on étend fortement les doigts dans le pro-

FIG. 18. — **Extension des mains et des doigts sur l'avant-bras**

(Deuxième phase de l'exercice pour muscles de l'avant-bras)

longement de la main. Leurs usages sont donc tout indiqués : ils sont congénères l'un de l'autre en tant qu'extenseurs de la main (rôle du cubital) et extenseurs des doigts (rôles de l'extenseur commun et de l'extenseur propre du petit doigt).

Enfin succède au cubital postérieur, qui est le plus externe de la masse des extenseurs, le cubital antérieur. Celui-ci déborde aussi bien sur la face antérieure que sur la face postérieure. Tout comme les radiaux et le long supinateur, il limite (du côté inverse) l'un des côtés de l'avant-bras. Pour mémoire, notons que le cubital antérieur forme le côté interne et arrondi de l'avant-bras quand celui-ci est placé la paume de la main en dessus.

Muscle anconé

SA FORME ET SES USAGES. — Ce muscle n'occupe que la partie la plus supérieure de la face postérieure de l'avant-bras. Il forme une masse charnue triangulaire qui apparaît quand on étend l'avant-bras dans le prolongement du bras. L'anconé, qui a pour fonction l'extension de l'avant-bras, est la continuation de la portion inférieure du triceps, muscle de la face postérieure du bras, antagoniste du biceps (chap. I).

Voilà donc résumés les muscles de l'avant-bras visibles sur le modelé extérieur. En plus de ces muscles, il existe un groupe profond utile à noter. Ce groupe est formé par les fléchisseurs des doigts.

Masse profonde

Muscles fléchisseurs des doigts

LEURS USAGES. — Ces muscles ne se révèlent pas sur le modelé extérieur de l'avant-bras. Leur usage est la flexion des doigts. Il faut remarquer que cette action est quelque peu correspondante à celle qui consiste à serrer. On peut alors en conclure qu'une bonne « serre » résulte en partie du complet développement et de la résistance de ce groupe musculaire profond.

Nota. — Les clichés 2, 3 et 4 de l'écorché donnent, au début de cet ouvrage, la reproduction des muscles de l'avant-bras. Ces photographies aideront le lecteur dans la description de la forme des muscles de l'avant-bras.

EXERCICE N° 7

Pour le développement des muscles de l'avant-bras

Cet exercice s'exécute à mains libres. Le nombre de mouvements variera de 35 à 50 fois pour hommes et de 20 à 30 fois pour dames et enfants.

Position

1° Maintenir le corps droit et la poitrine bombée ;

2° Maintenir les jambes jointes et tendues, la pointe des pieds à l'écartement naturel, le poids du corps reposant naturellement ;

3° Maintenir les bras tendus le long du corps, les paumes tournées en avant, les mains ouvertes.

Exécution

1° Fléchir, sans que les bras bougent, la main ouverte sur l'avant-bras, fléchir ensuite les doigts (fig. 17) ;

2° Revenir à la position en étendant les doigts et la main complètement (fig. 18) ;

3° Continuer le mouvement en liant complètement les temps, c'est-à-dire sans saccades.

Nota. — En prenant comme point de départ le moment où l'on fléchit la main, on pourra compter un, deux, etc., chaque fois qu'on étendra la main sur la face postérieure de l'avant-bras.

La respiration est au gré de l'élève. Comme base on peut prendre une respiration pour six mouvements. En décomposant les deux actes de la respiration, on peut prendre une profonde inspiration en deux mouvements ; puis l'expiration étant toujours plus longue que l'inspiration, on a quatre mouvements pour expirer longuement. Cette indication est approximative et varie, bien entendu, selon la capacité pulmonaire et l'entraînement du sujet. Néanmoins, cet exercice peut servir de mouvement respiratoire en ce sens que, comme il ne produit pour ainsi dire aucune fatigue musculaire, l'élève peut à son gré forcer l'inspiration et l'expiration.

Action

1° Par la flexion de la main ouverte sur l'avant-bras :
Action sur les palmaires et les cubitaux antérieurs.

Par la flexion des doigts :
Action sur les fléchisseurs des doigts (fig. 17) ;

2° Par l'extension des doigts et de la main sur la face postérieure de l'avant-bras :
Action sur les extenseurs des doigts à l'extension de ceux-ci, et sur les radiaux et cubitaux postérieurs à l'extension de la main (fig. 18).

Par l'inspiration et l'expiration :
Action plus ou moins intense sur les inspirateurs et les expirateurs selon la longueur de l'un ou de l'autre de ces deux actes.

CHAPITRE VIII

MUSCLES DE LA CUISSE

Muscles de la cuisse. — Face externe : le fascia lata. — Face antérieure : couturier, triceps crural. — Face interne : la masse des adducteurs, pectiné, droit interne. — Face postérieure : le biceps crural, le demi-tendineux, le demi-membraneux. — Exercice n° 8 pour le développement des muscles des cuisses avec la position, l'exécution et l'action dans l'exercice. — Causerie sur l'obésité et sur la nécessité absolue, pour les obèses, de faire des exercices corporels.

Les muscles de la cuisse sont disposés de telle sorte autour du fémur (os de la cuisse) que leur obliquité les fait appartenir par l'une de leur portion à la région antérieure, par exemple, et par l'autre portion à la région interne. Cependant on peut les classer en quatre régions : la région externe, comprenant le tenseur du fascia lata ; la région antérieure, comprenant le couturier et le triceps crural ; la région interne, comprenant la masse des adducteurs ; enfin la région postérieure, comprenant le biceps, le demi-membraneux et le demi-tendineux.

Je ferai une rapide description des muscles peu apparents sur le modelé extérieur, pour insister davange sur ceux qui prennent part au modelé de la région et qu'il y a intérêt à connaître.

FACE EXTERNE

Muscle tenseur du fascia lata

Sa forme et ses usages. — Ce muscle constitue toute la région externe de la cuisse. Il est formé d'un corps charnu très court qui se dirige en bas et en arrière pour s'attacher, à la partie très supérieure de la cuisse, à une large et épaisse aponévrose ou tendon (dit : *fascia lata*). Les fibres de cette aponévrose descendent verticalement jusqu'à la face externe du genou, où elles se condensent en un tendon très distinct qui fait saillie quand on force un peu l'extension de la jambe sur la cuisse.

Le fascia lata est rotateur de la cuisse en dedans et de tout le membre inférieur ; de plus, il contribue à la flexion de la cuisse sur le bassin ; c'est pourquoi, lorsque la cuisse est étendue et non tournée en dedans, le muscle tenseur forme à la partie toute supérieure de la cuisse un modelé musculaire allongé ; mais dès qu'il se contracte, ce modelé se raccourcit, devient aussi large que long et forme une masse globuleuse très caractéristique.

FACE ANTÉRIEURE

Muscle couturier

Sa forme et ses usages. — Ce muscle est le plus long des muscles du corps humain. Formé d'une mince bande charnue, il part de la hanche, croise obliquement de haut en bas la partie antérieure de la cuisse et va s'attacher, après avoir décrit une courbe à concavité antérieure, à la région interne du genou, à la partie toute supérieure de la face interne de la jambe.

Le couturier a pour action de fléchir la cuisse sur le bassin et la jambe sur la cuisse, c'est-à-dire de donner au membre inférieur une position telle que la réalisent les tailleurs accroupis ; c'est de là qu'est venu le nom de ce muscle (couturier ; *sartorius,* en latin).

Sur le modelé extérieur, ce muscle se révèle d'une manière toute particulière : lorsqu'il se contracte, son extrémité supérieure traduit seule son gonflement par un relief extérieur, tandis que le reste de son étendue, qui repose sur d'épaisses couches charnues compressibles (les adducteurs), s'enfonce dans cette masse comme le ferait une corde enroulée fortement autour d'un corps malléable, ce qui fait que le couturier accuse sur les trois quart de son parcours un sillon large et peu profond, facile à remarquer vers la face interne de la cuisse, au tiers inférieur.

Le triceps crural

Le triceps crural est composé de trois portions qui peuvent se diviser en trois muscles. Ces trois portions appartiennent autant aux régions interne et externe de la cuisse qu'à sa région antérieure. Mais la portion la plus importante au point de vue des formes est située en avant et constitue le muscle droit antérieur. Les deux autres portions sont latéralement placées sur les faces internes et externes, d'où leur nom respectif de muscle vaste interne et muscle vaste externe.

USAGE DU TRICEPS ET FORME RESPECTIVE DE SES TROIS PORTIONS. — 1° *Droit antérieur.* — Ce muscle est fusiforme et très volumineux à sa partie moyenne. Il descend verticalement sur la face antérieure de la cuisse. A environ 10 centimètres de la rotule, ses fibres charnues se transforment en un large tendon triangulaire qui donne également attache aux muscles vaste interne et vaste externe. Ce tendon s'insère au bord supérieur de la rotule, puis, à la face antérieure du tibia par l'intermédiaire du tendon rotulien (le tibia est le plus gros os de la jambe). Cette disposition anatomique indique facilement le rôle d'extenseur qu'a le triceps crural.

2° *Vaste interne.* — Ce muscle forme une énorme masse charnue. Il n'apparait qu'au niveau de la rotule, partie interne, limitant ainsi l'un des côtés du creux qui se produit quand on étend fortement la jambe sur la cuisse.

3° *Vaste externe.* — Ce muscle forme également une grosse masse charnue recouverte en partie par le tendon du fascia lata qui constitue le seul muscle de la face externe de la cuisse. Le vaste externe se révèle quand on étend fortement la jambe sur la cuisse, à laquelle il donne cette espèce de courbe mi-externe qui se termine en se rétrécissant à la partie externe de la rotule.

Il ressort de toutes ces indications : 1° que le triceps crural apparait sur la face antérieure de la cuisse quand on étend avec force la jambe sur elle, d'où son rôle d'extenseur; 2° le droit antérieur est la portion qui prend le plus fortement part au modelé de la région. Cette portion se traduit particulièrement sur le modelé extérieur, lors de l'extension de la jambe sur la cuisse ; on peut alors remarquer la convexité nettement accusée de la partie antérieure de la cuisse. Cette forme bombée antérieure est tout simplement due à la contraction du droit antérieur, partie moyenne du triceps crural.

FACE INTERNE

Masse des adducteurs

Cette masse est constituée par les muscles nombreux qui forment la partie interne de la cuisse. Ces muscles sont : le pectiné, le premier ou moyen adducteur, le grêle interne, le second ou petit adducteur et le troisième ou grand adducteur. J'énumérerai rapidement ceux de ces muscles qui ne sont pas nettement apparents sur le modelé extérieur de la face interne.

Muscle pectiné

Sa forme et ses usages. — Ce muscle est le plus court de la région. Il se confond avec le couturier et est en majeure partie caché par lui. Le pectiné et la partie supérieure du couturier limitent l'espace triangulaire à sommet inférieur qui se produit à la région de l'aine quand on fléchit la cuisse sur le membre supérieur. Cet espace triangulaire est connu en anatomie chirurgicale sous le nom de triangle de Scarpa. Dans le fond de cet espace triangulaire apparaît un muscle volumineux dit : *psoas iliaque*. Il va sans dire que celui-ci n'est pas visible sur le modelé extérieur. Le vide dont il forme le fond est en effet rempli par des vaisseaux sanguins et par des ganglions lymphatiques qui donnent à cette région un modelé irrégulier très variable selon les sujets. Comme usages, le pectiné est adducteur de la cuisse, il en produit aussi la flexion et la rotation en dehors. Le psoas iliaque fléchit la cuisse et produit également sa rotation en dehors. De plus, ce muscle est un peu le congénère des obliques, quand ceux-ci se contractent isolément, c'est-à-dire alternativement (Voir chap. IX).

Muscle premier ou moyen adducteur

SA FORME ET SES USAGES. — Les muscles adducteurs proprement dits se distinguent en premier, second et troisième adducteur, suivant l'ordre de superposition. Moyen, petit ou grand indiquent leur taille respective. Le premier ou *moyen adducteur* est en majeure partie caché par le couturier. Il se confond avec le pectiné sur le modelé extérieur de la face interne et supérieure de la cuisse. Le second ou *petit adducteur* et le troisième ou *grand adducteur* ne sont pas visibles sur l'écorché.

Comme usages, ces muscles sont adducteurs ainsi que leur nom l'indique. Ils rapprochent les deux genoux l'un de l'autre.

Muscle droit interne

SA FORME ET SES USAGES. — Ce muscle, appelé aussi grêle interne, forme une longue et mince lanière charnue qui borde

le côté tout interne de la cuisse. Il est peu apparent sur le modelé. On peut cependant le remarquer, mais chez un sujet très
musclé qui forcerait l'adduction, c'est-à-dire qui presserait
l'une contre l'autre la face interne des deux pieds. Le droit
interne descend verticalement du pubis (entre-jambes) au tibia
(os de la jambe). Il est à peine besoin de dire que ce muscle est
adducteur.

FACE POSTÉRIEURE

L'extrémité supérieure des trois muscles composant la face
postérieure de la cuisse est cachée par un muscle important, le
grand fessier. Celui-ci forme la partie postérieure du bassin.
Sous son bord inférieur descendent donc verticalement les
muscles postérieurs de la cuisse qui se séparent en deux masses
au-dessus de la face postérieure du genou. La masse interne est
formée par deux muscles superposés, le demi-tendineux et le
demi-membraneux. La masse externe est formée par le seul
muscle qui reste des trois, le biceps crural.

Muscle biceps crural

Sa forme et ses usages. — Ce muscle est ainsi nommé
parce que, tout comme son homologue du bras, il est formé
de deux têtes, deux tendons, à son attache supérieure. Lors
de son action, à la flexion de la jambe, il forme une saillie
musculaire qui se traduit sur le modelé extéro-postérieur de la
cuisse. Puis, son tendon devient très saillant, formant ainsi la
limite externe du creux du genou ou creux poplité.

Muscle demi-tendineux

Sa forme et ses usages. — Le demi-tendineux est ainsi
nommé à cause de son long tendon, qui est équivalent à sa

moitié inférieure. Ce muscle est fléchisseur de la jambe. Il dessine, dans ce mouvement, le relief de son tendon comme limite interne du creux du jarret.

Muscle demi-membraneux

Sa forme et ses usages. — Ce mucle est situé au-dessous du précédent qu'il déborde en bas de tous côtés ; sa moitié supérieure est formée par un large tendon membraniforme. C'est pourquoi il est nommé : demi-membraneux. Son corps charnu, qui déborde le tendon du demi-tendineux, s'étend jusqu'à la moitié de la face postérieure de la cuisse. Lors de sa contraction, quand il fléchit la jambe, son tendon se confond avec celui du demi-tendineux pour limiter aussi le creux poplité ou creux du genou. Ce creux correspond à la partie supérieure de la face postérieure du genou et la saillie charnue du demi-membraneux reste cachée dans le fond de ce creux. Mais lorsque la jambe est étendue sur la cuisse, il n'y a plus de creux poplité, la face postérieure du genou présente au contraire une forme saillante, produite dans la partie supérieure par la masse charnue du demi-membraneux, et dans la partie inférieure par les masses médianes des muscles de la face postérieure de la jambe, c'est-à-dire des muscles jumeaux qui ont été traités au chapitre III.

Ce qu'il faut donc conclure des muscles de la cuisse, c'est que : les muscles de la face antérieure sont les extenseurs de la jambe (à l'exception toutefois du couturier), ceux de la face postérieure en sont les fléchisseurs, ceux de la face interne sont les adducteurs de la cuisse et enfin celui de la face externe a un rôle particulier : rotateur de la cuisse en dedans. Il contribue aussi à la flexion de la cuisse sur le bassin.

EXERCICE N° 8

Pour le développement des muscles des cuisses
(faces antérieure et postérieure)

Cet exercice s'exécute à mains libres, le nombre de mouvements variera entre 20 et 30 fois pour homme. Cependant les personnes ayant de l'obésité pourront aller jusqu'à 40 fois.

Les dames et les enfants feront de 15 à 20 mouvements.

Position

1° Maintenir la poitrine bombée, le corps droit, les jambes jointes et tendues, les pieds à l'écartement naturel ;

2° Maintenir les bras allongés, la paume des mains reposant sur la face antérieure des cuisses.

Exécution

1° S'accroupir de façon à ce que les fessiers viennent, si possible, toucher les talons, les genoux en dehors, les bras levés à hauteur de l'horizontale (fig. 19) ;

2° Se redresser ensuite sur les jambes en tendant les cuisses le plus possible et en ramenant en même temps les bras à la position première (paumes des mains sur la face antérieure des cuisses) [fig. 20] ;

3° Expirer longuement en s'accroupissant, inspirer profondément en se redressant.

Nota. — Avoir soin, lors du premier temps, quand on fléchit sur les extrémités inférieures, de résister très lentement au poids du corps. De même quand on se redresse, avoir soin de bien tendre les cuisses sur les jambes (fig. 20).

En prenant comme point de départ du mouvement le mo-

FIG. 19. — Fléchir lentement le buste sur les cuisses
Action frénatrice sur les fléchisseurs

(Première phase de l'exercice pour muscles des cuisses)

ment où l'on fléchit, on comptera : un, deux, etc., chaque fois qu'on reviendra à cette position.

Action

1° Par l'accroupissement ou la flexion sur les cuisses en élevant les bras horizontalement :

Action sur les fléchisseurs des cuisses (fig. 19) : le biceps crural, le demi-tendineux, le demi-membraneux. Le couturier prend aussi part à cette action. L'action de s'accroupir nécessite une contraction frénatrice (1) de tous ces muscles qui résistent au poids du corps. Si, au lieu de s'accroupir, on fléchissait les jambes sur les cuisses (dans une position couché sur le ventre, par exemple), l'action des fléchisseurs des cuisses serait dynamique.

Enfin, l'action de s'accroupir peut nécessiter un peu la contraction de tous les muscles abdominaux, si on s'efforce, lors de la flexion, de toucher les talons avec les fessiers. Je conseillerai même à toutes les personnes ayant de l'obésité de ne pas manquer d'attacher beaucoup d'importance à tous les mouvements qui nécessitent la mise en jeu des muscles abdominaux et ues muscles qui avoisinent la paroi abdominale. Ayant ajouté à la fin du chapitre VI une causerie sur la nécessité d'avoir de bons abdominaux pour faciliter les digestions, je consacrerai de même la fin de ce chapitre-ci à l'obésité. Je ferai ressortir l'utilité qu'il y a pour ces personnes à pratiquer tous les mouvements et plus particulièrement ceux qui leur sont difficiles à exécuter et qui ont pour but de les endurcir à la fatigue et de les faire transpirer ;

---

(1) Dans l'action de s'accroupir, je dis que les fléchisseurs des cuisses ont une contraction frénatrice. On remarquera que, dans ce mouvement, ces muscles n'éloignent pas leurs deux points d'insertion. Cependant, au point de vue pratique, il est plus facile de s'exprimer ainsi. De la sorte, on comprendra plus aisément que les fléchisseurs des cuisses aident les muscles jumeaux dans l'action frénatrice qu'ils fournissent pour supporter le poids du corps pendant le temps que dure la flexion du buste sur les extrémités inférieures (Voir page 61 la contraction frénatrice des jumeaux).

2° Par le redressement du buste sur les jambes en tendant les cuisses le plus possible :

Action sur les muscles extenseurs des cuisses : le triceps crural avec son droit antérieur, vaste interne et vaste externe. L'action du triceps crural est dynamique (fig. 20).

3° Par l'inspiration et l'expiration :

Action favorable aux muscles inspirateurs et expirateurs.

Nota. — En outre, pendant la durée du mouvement, légère action sur les deltoïdes, faisceaux antérieurs, pour l'élévation des bras horizontalement (fig. 19).

L'obésité — « Les tissus de réserve » — Les exercices corporels indispensables aux personnes atteintes d'obésité

Il est établi que le travail corporel dégage de la chaleur et que l'homme au repos produit moins de calorique que celui qui travaille, c'est-à-dire que l'homme qui ne fait pas de mouvement dépense moins de « combustible » ou, en d'autres termes, détruit moins de tissus vivants que celui qui met en jeu toutes les parties de son corps.

Le défaut d'exercice est donc cause d'une « épargne » de nos matériaux organiques.

Mais la personne qui ne fait pas chaque jour assez de mouvement, prend néanmoins chaque jour des aliments. Elle absorbe donc un surcroit quotidien de matériaux qui ne trouvent pas leur emploi d'agents « réparateurs » dans l'économie, puisqu'il n'y a pas de pertes à réparer, de vides à combler.

Que deviennent, dans la machine humaine, les substances alimentaires qui ne servent pas à remplacer des combustibles brûlés ? Ces matériaux sont mis « en réserve », c'est-à-dire emmagasinés, en quelque sorte, sur certains points du corps où ils séjournent, attendant l'occasion d'être utilisés. Ce sont des provisions utiles, à la condition de ne pas être excessives. Les tissus « de réserve » permettent à l'homme de faire face accidentellement à une dépense supplémentaire de calorique, soit à l'occasion d'un travail musculaire excessif, soit au cours d'une longue maladie fébrile. Ils permettent alors aux combustions vitales de se continuer dans le cas d'alimentation insuffisante.

C'est sous forme de graisse que se déposent dans notre organisme les matériaux épargnés. Les graisses représentent donc les provisions de combustible du foyer vital, les tissus de réserve qui, s'ils s'accumulent avec excès, amènent un vice de la nutrition, l'obésité.

La graisse peut s'amasser en quantité considérable et alourdir ainsi le mouvement par la fatigue qu'elle occasionne aux muscles, puisqu'elle envahit leurs fibres et paralyse leur énergie en provoquant leur dégénérescence. De plus, au fur et à mesure que les tissus de réserve s'accumulent, la graisse s'accole aux parois de tous les organes, gênant le fonctionnement des poumons, du cœur et des organes digestifs et les comprimant, ce qui peut donner lieu à de graves dangers faciles à éviter au moyen d'exercices musculaires suffisants.

Les Arabes disent : « Le cheval a deux ennemis, le repos et la graisse. » Or ces deux ennemis n'en font qu'un, car les animaux dont le genre de vie est mouvementé ne sont pas obèses. On ne verra jamais un lièvre ou un loup chargés de graisse au point de ne pouvoir courir. En revanche, on voit le chien à l'attache, par exemple, acquérir de l'embonpoint. Ainsi, il est évident que l'exercice est un préservatif contre l'invasion du tissu adipeux.

Il est très rare qu'un paysan, qui cultive activement ses champs, soit obèse. Au contraire, rien n'est plus commun que de voir des hommes de bureau qui souffrent de ce mal.

Ce qu'il faut conclure, c'est que les aliments que nous prenons représentent des « rations » de travail corporel à accomplir pour brûler et désassimiler les matériaux inutiles qui surchargent la machine humaine.

Une personne que l'excès d'embonpoint préoccupait encore plus que les malaises ressentis, se mit à faire des exercices d'après mes conseils. Aussi, au bout d'un mois à peine, la balance fut-elle consultée, avec la conviction qu'une notable diminution de poids allait être la récompense du surcroît de mouvement auquel on s'était soumis. Mais la balance accusa une augmentation de 4 livres !

Rien de plus rationnel que ce résultat si paradoxal en apparence. L'exercice avait été juste suffisant pour brûler les matériaux organiques qui encombraient les voies d'absorption et désobstruer la route que suivent les produits de la digestion pour pénétrer du tube digestif dans la profondeur des tissus vivants où ils se fixent. La malade, en un mot, avait fait juste assez de mouvement pour régulariser la digestion, et, par conséquent, pour rendre plus active l'assimilation des aliments. Elle en avait fait trop peu pour brûler les tissus déjà formés et pour augmenter la désassimilation.

Tel sera toujours le résultat de l'exercice dans l'obésité, s'il est pris à doses trop modérées. Les manifestations de la fatigue sont pénibles chez ces sujets et elles se font promptement sentir. Mais il faut que ces personnes progressent chaque jour dans les exercices et qu'elles ne s'en rapportent pas à leurs sensations, afin d'éviter de rester au-dessous de la dose de travail qui leur est nécessaire. Elles devront, si elles veulent retirer un réel bénéfice de la cure par l'exercice, pousser celui-ci jusqu'à la fatigue et même aller au delà.

En résumé : à mesure que le corps s'habituera au travail, il sera indispensable de faire un nombre de mouvements toujours croissants et proportionnés à la diminution de la sensation de fatigue.

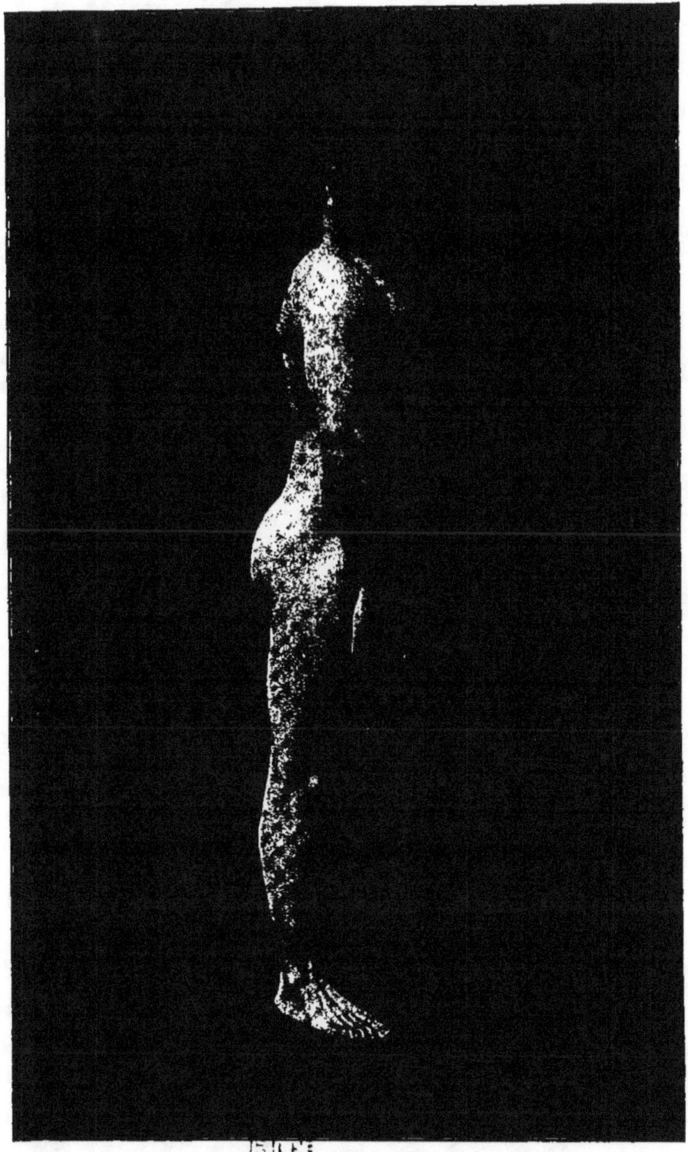

FIG. 20. — Retour à la position — Contraction énergique des muscles de la face antérieure des cuisses par l'extension forcée des jambes sur les cuisses

(Deuxième phase de l'exercice pour muscles des cuisses)

CHAPITRE IX

MUSCLE GRAND OBLIQUE
DE L'ABDOMEN

Muscle grand oblique de l'abdomen. Sa forme et ses usages. — Importance de la
sangle abdominale chez la femme. — Exercice nº 9 pour le développement des
muscles obliques. — Le nombre de mouvements à exécuter. — La position. —
L'exécution. — L'action sur les muscles mis en jeu avec les obliques : les petits
obliques et transverses de l'abdomen, le long droit abdominal, les lombaires et
les deltoïdes.

SA FORME. — Le muscle grand oblique de l'abdomen forme
une vaste couche musculaire qui recouvre les faces latérale et
antérieure de l'abdomen.

Ce muscle est composé moitié de fibres charnues et moitié
de fibres tendineuses ou aponévrotiques. Les fibres charnues
du grand oblique se terminent vers la face externe des sept
dernières côtes, auxquelles elles s'insèrent par autant de lan-
guettes triangulaires ou digitations entre-croisées avec celles
des muscles grand dorsal et grand dentelé. Sur le modelé extérieur, ce muscle se révèle très nettement chaque fois qu'on
produit un effort. Chez un sujet très musclé, le grand oblique
donne l'impression que le buste se sépare du membre inférieur.

Les deux bourrelets musculeux que forment ses fibres sur
chaque paroi latérale du ventre sont très accusés dans les
œuvres de la statuaire antique. L'*Apollon du Belvédère*, le
Doryphore, en sont une preuve frappante et qui montre le
rôle important que joue ce muscle au point de vue de la plastique du ventre. Les anciens semblent dire : « La beauté du
corps est en majeure partie due aux muscles du ventre. »

IMPORTANCE DE LA SANGLE ABDOMINALE CHEZ LA FEMME. — Au point de vue de la santé, il est à peine besoin de rappeler que la consolidation de la sangle abdominale est indispensable aux organes digestifs et qu'en outre le développement de la partie inférieure du buste est important chez la femme. La cavité du bassin est en effet le réceptacle où doit séjourner le petit être qui deviendra un homme. Cette cavité demande donc à être solidement maintenue par de puissants muscles et cela afin d'assurer au fœtus les conditions favorables pour son développement ultérieur.

LES USAGES DU MUSCLE GRAND OBLIQUE DE L'ABDOMEN. — Les muscles grands obliques sont fléchisseurs du tronc sur le membre inférieur quand ils se contractent ensemble.

On peut donc dire que les obliques sont congénères des grands droits antérieurs de l'abdomen.

D'autre part, quand un seul muscle oblique se contracte, il imprime au tronc un mouvement de rotation vers le côté opposé. Exemple : Si le muscle oblique du côté droit se contracte, le buste subira un mouvement de rotation vers le côté gauche. Mais, d'une manière générale, chaque fois qu'on produit un effort, les muscles obliques de l'abdomen se contractent énergiquement et leur relief devient très apparent sous la peau.

Il y a un intérêt à développer ces muscles si on tient à augmenter sa force musculaire en général.

EXERCICE N° 9

Pour le développement des muscles obliques

Cet exercice s'exécute à mains libres. Le nombre de mouvements variera de 15 à 20 pour hommes et de 8 à 12 pour dames et enfants.

Muscles obliques et abdominaux

FIG. 21. — **La rotation du buste vers le côté gauche ayant été faite, flexion du buste en portant la main droite vers la pointe du pied gauche. Le redressement du buste, en restant face à gauche, va être opéré.**

(Première phase de l'exercice pour obliques)

Position

1° Écarter les jambes d'environ 35 centimètres, la pointe des pieds tournée en dehors, le poids du corps reposant naturellement, les jambes tendues ;

2° Maintenir les bras horizontalement levés, les paumes des mains tournées vers le sol.

Exécution

1° Tendre les jarrets le plus possible et contracter les fessiers de façon à immobiliser le bassin ;

2° Faire un mouvement de rotation du buste à gauche, par exemple ; fléchir ensuite le buste de côté, de façon à porter la main droite vers la pointe du pied gauche (fig. 21) ; redresser le buste en restant face à gauche ;

3° Faire un mouvement de rotation vers la droite (fig. 22) et fléchir le buste de côté en portant la main gauche vers la pointe du pied droit ; redresser le buste en restant face à droite (fig. 22) ;

4° Continuer le mouvement en faisant subir au buste une rotation vers la gauche ;

5° Inspirer pendant le temps de la rotation et expirer pendant celui de la flexion.

Nota. — On prendra comme point de départ le moment de la rotation du buste vers la gauche et on comptera : un, deux, etc., chaque fois que la main droite arrivera vers la pointe du pied gauche. Lors de cette flexion du buste, il faut tendre les jarrets et ne pas essayer à toucher, avec la main, la pointe du pied sans que les jambes soient parfaitement tendues.

Action

1° Par la tension des jambes pour obtenir l'immobilité du bassin :

Contraction des muscles de la face antérieure des cuisses (fig. 21 et 22);

2° Par la rotation du buste vers la droite et vers la gauche :

Action alternative sur les muscles obliques et sur les muscles placés au-dessous d'eux et qui sont, en allant de la superficie à la profondeur, les muscles petits obliques et transverses de l'abdomen (fig. 22);

3° Par la flexion du buste de côté après que celui-ci a subi la rotation :

Action dynamique sur le muscle oblique, opposé au sens de la rotation, qui maintient le buste dans la torsion sur son axe, et action statique sur le muscle oblique du côté de la rotation (fig. 21). A ce moment, certaines fibres charnues de ce dernier subissent un relâchement par suite de la flexion du buste de ce côté. Par ce fait même, elles ne se raccourcissent pas entièrement. Il se produit un simple tassement moléculaire. Donc l'oblique du côté de la rotation subit une pression par le poids du buste qui fléchit et il en résulte un changement de forme manifestement dû à un mouvement de concentration partielle de ses fibres. Ce changement de l'oblique du côté de la rotation est une contraction statique. Il y a flexion combinée avec la rotation.

A cette action contribuent aussi le long droit abdominal correspondant au côté de la flexion, ainsi que le psoas iliaque (chap. VIII).

Nous venons de voir quels sont les muscles qui travaillent

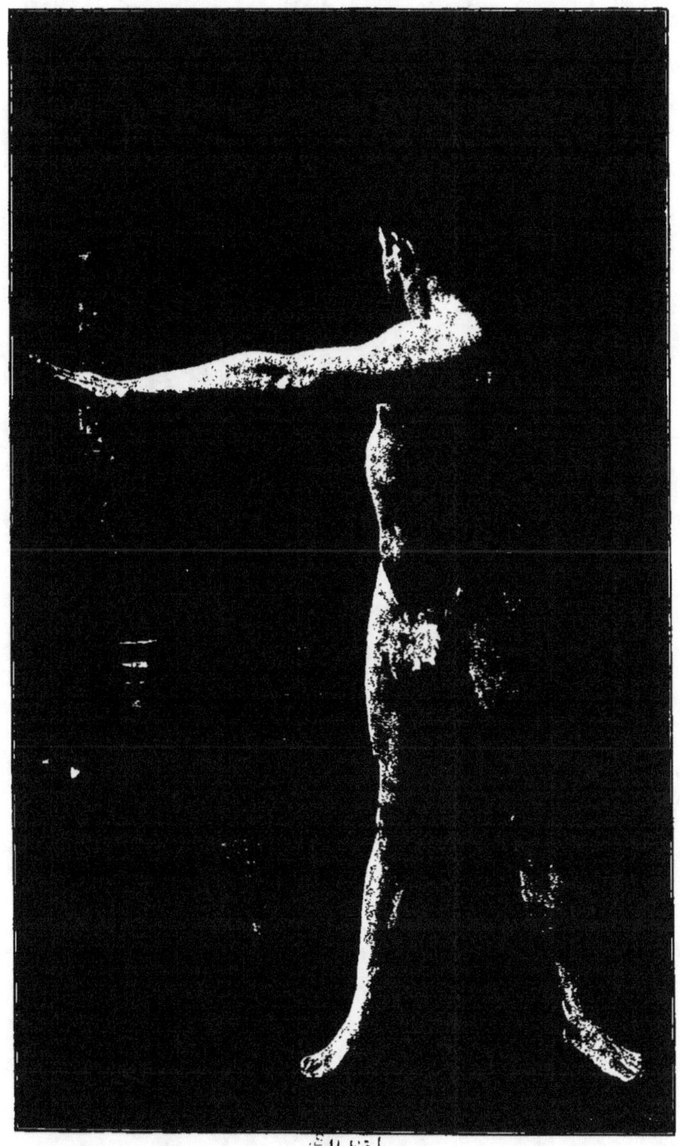

FIG. 22. — Après avoir fléchi le buste de côté en portant la main gauche vers la pointe du pied droit, redressement du buste en restant face à droite

(Deuxième phase de l'exercice pour obliques)

Le mouvement se continue par la rotation du buste vers la gauche.

lors de la rotation du buste et de sa flexion de côté. Quels sont les muscles qui travaillent maintenant quand on redresse le buste pour le ramener dans la position verticale, face à droite ou face à gauche? Ces muscles sont les lombaires cités au chapitre V. De par leur action d'extenseurs du tronc ils font revenir celui-ci de la position fléchie à la position verticale. Mais leur contraction est peu énergique;

4° Enfin, par l'inspiration et l'expiration et par le maintien des bras horizontalement levés durant tout le temps de l'exercice :

Action sur les muscles inspirateurs, expirateurs et sur les deltoïdes, muscles de l'épaule.

CHAPITRE X

DE L'EXERCICE RESPIRATOIRE

L'exercice respiratoire. — L'accroissement du muscle en force et en volume. — L'importance des mouvements respiratoires. — L'avantage des mouvements simples, scientifiques et de la contraction localisée. — Mécanisme de la respiration. — Les muscles inspirateurs et expirateurs. — Les mauvais effets du corset. — Exercice n° 10 pour l'ampliation de la cage thoracique et l'augmentation de la capacité pulmonaire. — Position à prendre, l'exécution et l'action sur les muscles agissants. — Causerie sur l'hygiène du cerveau dans l'exécution des exercices simples qui constituent la méthode individuelle.

Ce chapitre, réservé spécialement à un exercice respiratoire, est très important. Je ne négligerai pas de donner des détails anatomiques et physiologiques suffisants pour faire ressortir toutes les ressources qu'on peut retirer de ces mouvements.

Jusqu'à présent j'ai préconisé un rythme respiratoire approprié à chaque exercice. Cela prouve que j'attache une importance capitale à cette fonction. Pour comprendre combien cette gymnastique est fondamentale, il faut savoir comment un muscle s'accroit en force et en volume.

L'accroissement du muscle en force et en volume

Les muscles sont les moteurs des os, qui en sont les leviers passifs, c'est-à-dire qu'ils ont pour fonction de mouvoir les différentes pièces de notre charpente osseuse les unes sur les autres. Telle est d'ailleurs la définition du mouvement corporel.

Dans le muscle en contraction, le phénomène le plus important qui s'observe est la circulation du sang.

Il passe neuf fois plus de sang dans le muscle en travail que dans celui qui est au repos. On peut expliquer l'irrigation plus active par une sorte d' « appel physiologique » fait par l'organe au liquide dont il a besoin pour fonctionner et qui lui procure un « stimulus ». C'est ce qui a lieu, par exemple, pour une glande qui sécrète, pour l'estomac qui digère, pour le cerveau qui pense, etc.

Dans tout organe au repos, il y a contraction des vaisseaux (vaso-constriction) ; dans tout organe en travail, dilatation (vaso-dilatation).

La contraction musculaire est donc un excitant de la circulation sanguine dans le muscle, et, par suite, elle augmente le débit des vaisseaux qui charrient le liquide nourricier. Si on étudie les modifications organiques et fonctionnelles qui sont la conséquence des effets produits par la contraction musculaire, voici quel en est le résumé : l'afflux du sang artériel augmente l'apport des éléments destinés à réparer l'organe. De là un surcroît de nutrition qui le fait grossir(¹).

Puis le muscle n'agissant que sous le coup d'un agent excitateur qui est la volonté, celle-ci se transmet par des intermédiaires qui sont les centres nerveux et les nerfs. Or, plus un muscle se contracte, plus l'excitation des nerfs qui le font agir augmente sa propriété contractile, d'où son aptitude plus grande à se contracter, et son accroissement d'énergie.

(¹) Une foule d'observations directes montrent la réalité de cet « appel » fait au sang par le muscle en contraction. On sait que dans tous les cas de blessure des vaisseaux sanguins, les mouvements musculaires augmentent l'hémorragie.

A la suite d'une saignée veineuse, quand le sang ne s'écoule pas en assez grande quantité, il suffit de faire exécuter au patient quelques mouvements de la main et des doigts pour voir affluer le liquide en jet plein et vigoureux. Comme corollaire de ce fait, il faut rappeler la difficulté qu'on éprouve parfois à arrêter le sang des saignées chez les malades dont les bras sont le siège de contractions musculaires involontaires et permanentes, comme chez les épileptiques et les éclamptiques en état de mal.

Enfin l'activité plus forte des oxydations accélère la combustion des éléments inutiles, tels que les tissus graisseux qui surchargent et gênent le muscle.

L'importance des mouvements respiratoires

Pourquoi les mouvements respiratoires sont-ils importants dans les effets de la contraction musculaire ?

On sait que le sang est le liquide vivifiant du muscle. Il se produit donc dans celui-ci un phénomène vital.

Le muscle s'échauffe en travaillant et échauffe le sang qui le traverse. Ce liquide, à son tour, en circulant à travers les tissus vivants, leur cède une partie de sa chaleur, et l'on voit ainsi s'élever la température des régions du corps les plus éloignées. Ce phénomène de calorification peut être constaté facilement. Ainsi quand on fait des armes de la main droite, on peut remarquer que la main gauche, restée pourtant absolument inactive, finit par acquérir une température égale à celle des régions du corps qui ont le plus travaillé.

Le muscle en action peut donc se comparer au foyer d'un calorifère à eau qui chauffe à lui seul tous les appartements d'une maison par l'intermédiaire des tuyaux de conduite.

Ainsi la contraction musculaire active les combustions. Mais ce n'est pas le muscle lui-même qui fournit des matériaux, ceux-ci lui sont apportés par le sang. Aussi l'effet des combustions musculaires ne se traduit-il pas par la disparition ou la diminution des éléments constituants du muscle, qui grossit au contraire, mais par l'usure de certains principes organiques qui sont en majeure partie des éléments ternaires, des hydrocarbures, des graisses, empruntés d'abord aux tissus cellulaires du muscle, puis à la région qui avoisine celui-ci et enfin, à tous les tissus vivants dont le sang baigne les éléments. C'est ainsi que l'on peut voir diminuer les tissus graisseux sous l'influence des exercices, d'abord sur les régions qui travaillent, puis sur le corps tout entier.

Mais un fourneau qui brûle n'use pas seulement des matériaux combustibles; il puise dans l'air ambiant de l'oxygène, et en consomme d'autant plus que sa combustion est plus active. Ainsi fait le muscle. Pendant qu'il travaille, il utilise un surcroit d'oxygène, proportionné à l'énergie, à la fréquence et à la durée de ses contractions.

Pour suffire à cet excès de dépense, il emprunte une plus grande quantité d'oxygène au sang artériel, et le sang lui-même doit puiser l'oxygène demandé dans l'air atmosphérique avec lequel le poumon le met en contact par la respiration. *Le poumon est alors obligé d'activer son fonctionnement pour introduire plus d'air dans ses alvéoles, et donner satisfaction au sang qui veut être hématosé* (Voir ci-après l'hématose dans le mécanisme de la respiration).

C'est ainsi que le fonctionnement plus actif du muscle entraîne la suractivité du poumon. De plus, il faut noter que la consommation exagérée d'oxygène n'est pas le seul facteur de l'exagération de la respiration pulmonaire. La suractivité des combustions vitales donne naissance à un excès d'acide carbonique et à d'autres produits gazeux de désassimilation qui sortent du muscle en contraction avec le sang veineux et se déversent dans le torrent circulatoire. Si l'exercice met en jeu une masse importante de muscles, le sang veineux va se trouver saturé d'acide carbonique et d'autres produits de combustion impropres à la vie, et il importe de les éliminer au plus tôt.

Le poumon, qui est chargé de l'expulsion des excréments gazeux de la nutrition, est ainsi sollicité à hâter son expiration.

De là une deuxième cause de suractivité respiratoire.

Si la consommation excessive d'oxygène que provoque le muscle en travail stimule l'inspiration, le surcroit d'acide carbonique qu'il produit stimule, d'autre part, l'expiration.

Les phénomènes chimiques développés dans le muscle en travail expliquent donc d'une manière satisfaisante l'important résultat de l'exercice musculaire par l'activité plus grande de la respiration.

Tout le monde s'accorde à reconnaître les précieux effets de l'oxygène et l'avantage qu'il y aurait à augmenter son apport à l'économie dans la plupart des maladies du sang et de la nutrition. Mais on oublie trop souvent que le meilleur moyen d'oxygéner le sang, est d'augmenter le fonctionnement du poumon. On oublie surtout que, pour faire respirer le poumon, il faut faire « respirer » les muscles, c'est-à-dire les mettre en contraction.

Toutefois, l'association de la respiration pulmonaire au travail des muscles est subordonnée à la loi physiologique suivante : L'activité de la respiration pendant l'exercice musculaire doit se faire en raison directe de la quantité de travail effectué par les muscles.

. C'est pour cela qu'il faut éviter les grands efforts musculaires qui amènent aisément chez certains sujets l'exagération de la respiration, autrement dit : l'essoufflement et tous les irconvénients qui en dérivent, soit pour le cœur, soit pour le poumon.

L'avantage des mouvements simples, scientifiques et de la contraction localisée, c'est par eux qu'on doit commencer

Ce qu'il faut donc savoir, c'est que si on redoute l'essoufflement et ses conséquences défavorables, on devra fixer son choix sur l'exercice qui limite la contraction à un groupe musculaire restreint. Car c'est le meilleur moyen d'atténuer l'effort violent et par cela même l'exagération respiratoire.

Les exercices tels que je les conseille donnent la mesure de ce qu'il faut faire pour acquérir de la force en augmentant la puissance des muscles. Mais, de plus, ils visent la santé et avant tout, pour obtenir la santé parfaite, que donne un robuste organisme, il est nécessaire de régulariser les fonctions de l'économie et de rendre les organes plus capables de résister à tous les agents qui pourraient troubler leur jeu.

En résumé, l'entraînement proprement dit de l'homme doit lui fournir les exercices musculaires qui peuvent présenter les ressources suivantes :

1° Augmentation de volume et de force du muscle exercé ;

2° Effets « de circulation » utiles pour activer et régulariser le cours du sang ;

3° Effets mécaniques et physiologiques « de massage » utiles aux organes creux (estomac, intestins) pour faire cheminer les matières qu'ils contiennent et aussi pour tonifier leurs fibres contratiles ;

4° Effets chimiques dus à l'introduction dans le sang d'une plus grande quantité d'oxygène et à l'utilisation plus active de cet élément pour ces actes intimes de la nutrition qu'on appelle les oxydations ou les « combustions ».

De la sorte, l'utilité des effets généraux de l'exercice réside, d'une part, dans l'exagération du fonctionnement des appareils vitaux qui augmente l'intensité de la vie organique, et, d'autre part, dans l'impulsion plus active donnée aux échanges nutritifs, dans lesquels l'oxygène joue un rôle capital.

Ces effets généraux permettent de développer et de fortifier, en les mettant indirectement en exercice, des organes essentiels comme le cœur et le poumon. Ils constituent surtout de puissants moyens thérapeutiques dans les maladies de la nutrition. Ils doivent être, par conséquent, recherchés toutes les fois que les combustions vitales sont insuffisantes, comme dans le diabète et l'obésité, où l'organisme est encombré de matériaux hydrocarbonés, graisses et sucres qu'il faut brûler ; ou bien, quand ces combustions sont incomplètes, comme dans la diathèse urique, où les éléments atteints par les combustions vitales ne sont pas portés à leur dernier degré d'oxydation.

Mécanisme de la respiration

La respiration est une fonction caractérisée par l'introduction de l'oxygène de l'air dans le sang et par l'expulsion, sous forme gazeuse, d'une partie des matériaux inutiles ou nuisibles à l'organisme. Elle se divise en deux temps : l'inspiration, pendant laquelle l'air atmosphérique pénètre dans les cellules pulmonaires, et l'expiration, qui chasse l'air modifié pendant son séjour dans ces organes. Comme on le voit, c'est un échange de gaz qui se fait entre l'air et le sang. L'air qui a pénétré dans le poumon par l'aspiration abandonne de l'oxygène au sang, puis reçoit de celui-ci d'autres fluides gazeux, principalement de l'acide carbonique, et ces produits délétères sont rejetés par l'expiration. Ce phénomène qui transforme le sang veineux en sang artériel se nomme : l'*hématose*.

Les poumons sont les organes essentiels de la respiration. Placés dans la poitrine dont ils occupent la plus grande partie, ils reposent par leurs bases sur le muscle diaphragme qui sépare le tronc en deux parties, l'une la poitrine, l'autre le ventre. Nous verrons ci-après le rôle important de ce muscle, mais auparavant il est essentiel d'étudier un peu le mécanisme de la respiration, puisque beaucoup de muscles du tronc peuvent influer sur la capacité pulmonaire.

Tout d'abord, la poitrine constitue le thorax qui est formé par une partie de la colonne vertébrale, par les côtes et le sternum. L'espace compris à l'intérieur est la cavité thoracique. Elle a la forme d'un tronc de cône légèrement aplati d'avant en arrière, et dont la grande base tournée en bas est échancrée en avant (Voir fig. 1). C'est dans cette cavité que sont situés les poumons et nous pouvons les comparer à une éponge que contiendrait la main.

Si je ferme la main en pressant l'éponge fortement, celle-ci sera vidée de tout l'air qui aura pénétré par ses trous et elle formera une masse compacte. Tel est à peu près l'état du poumon au moment de l'expiration. En desserrant la main graduellement, l'éponge reprendra son volume et l'air pénétrera dans ses cavités. Ainsi fait le poumon pendant l'acte de l'inspiration, et cette comparaison nous donne le mécanisme de la respiration qui s'effectue plusieurs fois par minute. Or nous noterons ceci : plus je serre la main, par exemple, plus l'éponge expulse l'air contenu dans ses creux. Plus au contraire j'ouvre ma main, plus l'éponge s'emplit d'air. Quand la cage thoracique s'agrandit dans l'acte de l'inspiration, le poumon se dilate autant que la cavité qui le renferme le lui permet et l'air pénètre dans ses alvéoles pour ensuite revivifier le sang. Puis, dans le mouvement d'expiration, les poumons distendus par l'air inspiré reviennent sur eux-mêmes sous la pression des parois thoraciques et par leur propre élasticité, rejetant ainsi les excréments gazeux.

Il est facile de déduire de ce mécanisme que les muscles inspirateurs, qui favorisent l'agrandissement de la cavité thoracique lors de l'inspiration, et les muscles expirateurs, qui compriment le thorax lors de l'expiration, doivent être développés et vigoureux pour assurer le libre jeu de la cage thoracique et pour suppléer également à la fonction des poumons. C'est donc sur ces muscles que nous allons fixer un moment notre attention.

Les muscles inspirateurs et expirateurs

Les muscles *inspirateurs* tirent le thorax à l'extérieur pour agrandir le plus possible la cavité thoracique dans laquelle évoluent les poumons. Les muscles *expirateurs* au contraire, referment le thorax pour faire subir aux poumons cette pression par laquelle l'air vicié doit être expulsé. Enfin d'autres muscles méritent d'être également considérés : ce sont les fixateurs du thorax. Ils servent à l'accrochage de la cage thora-

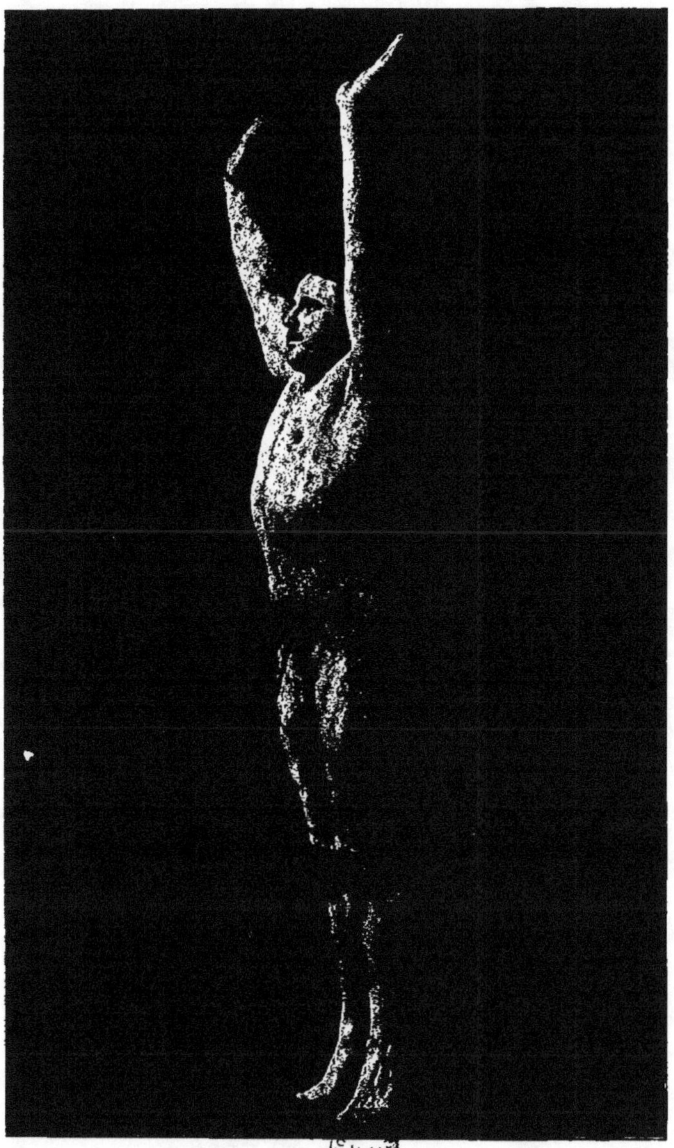

FIG. 23. — **Inspiration lente et profonde en élevant les bras au-dessus de la tête et en se haussant, en même temps, sur la pointe des pieds**

(Première phase de l'exercice respiratoire)

cique et, tout comme les autres, ils ont un rôle très important pour le maintien, la forme, la capacité et la souplesse de cette cage.

Pour assurer la capacité pulmonaire, il est donc essentiel de tonifier avant tout les masses musculaires qui entourent, soutiennent et meuvent le thorax. En effet, si les muscles que j'appelle les fixateurs de la cage thoracique manquent de force et de tonicité, le poids qu'ils ont à soutenir vaincra leur résistance. Ils s'allongeront et leur atrophie les empêchera de soulever la cage à la hauteur normale au moment des inspirations profondes. D'autre part, si les inspirateurs accomplissent mal leur fonction et ne tirent pas assez les côtes dans l'acte de la respiration, l'appel d'air fait par le poumon sera insuffisant pour régénérer le sang, et si les expirateurs fonctionnent mal, les déchets gazeux de la nutrition ne seront pas éliminés, ils empoisonneront lentement l'organisme.

Voilà pourquoi il faut développer les muscles du cou, des épaules, du dos, de la poitrine et de l'abdomen, avant d'agir directement pour augmenter la capacité pulmonaire. En un mot, tous les muscles sont solidaires les uns des autres comme tous les différents organes internes de notre corps. Cette relation explique d'ailleurs la répercussion des exercices corporels sur tout l'organisme et l'accroissement de santé qui en découle.

Revision des muscles utiles aux fonctions respiratoires

Parmi les muscles utiles aux fonctions respiratoires, nous résumerons ceux dont nous avons déjà parlé dans les chapitres précédents. Toutefois, nous compléterons davantage l'étude du diaphragme.

Ce muscle situé, comme nous l'avons dit, dans la cage thoracique, a pour fonction dans l'acte de l'inspiration de refouler les organes abdominaux, ce qui donne libre champ aux poumons pour se gonfler. Lors de l'expiration, l'affaissement de la cage permet au diaphragme de reprendre son état normal, c'est-à-dire celui qu'il occupe à la non-contraction.

Les muscles pectoraux, dorsaux et dentelés que nous avons étudiés sont autant d'inspirateurs.

Les abdominaux et les obliques sont des expirateurs.

Enfin, le muscle trapèze, à la partie supérieure du cou, est fixateur de la cage thoracique et, en outre, inspirateur auxiliaire dans toute son étendue. Le deltoïde, en s'insérant sur la clavicule, l'omoplate et le bras, est aussi un puissant inspirateur du thorax quand on élève le bras.

Indépendamment de tous ces muscles, ceux qui comblent les interstices des côtes sont ceux qui agissent le plus dans la manœuvre du thorax pendant la respiration.

Les intercostaux externes limitent l'espace compris entre les côtes à l'extérieur. Ce sont des inspirateurs puissants, tandis que les intercostaux internes, limitant les côtes à l'intérieur, sont des expirateurs non moins efficaces.

Les mauvais effets du corset

Il est facile de conclure à présent qu'il y a un grand intérêt à développer tous les muscles du corps et principalement ceux du tronc. Nos dernières considérations montrent aussi le danger du corset qui n'est pas plus favorable à la vitalité des muscles du thorax qu'à ceux des tissus pulmonaires. Le port du corset serré écrase et atrophie tous ces muscles, par conséquent, il est souvent cause d'un manque de capacité pulmonaire.

Donc, s'il nous faut aider la nature et parfois même la rectifier dans son élaboration de l'harmonie humaine, ce n'est pas par le corset que nous y arriverons, mais purement et simplement par l'exercice corporel.

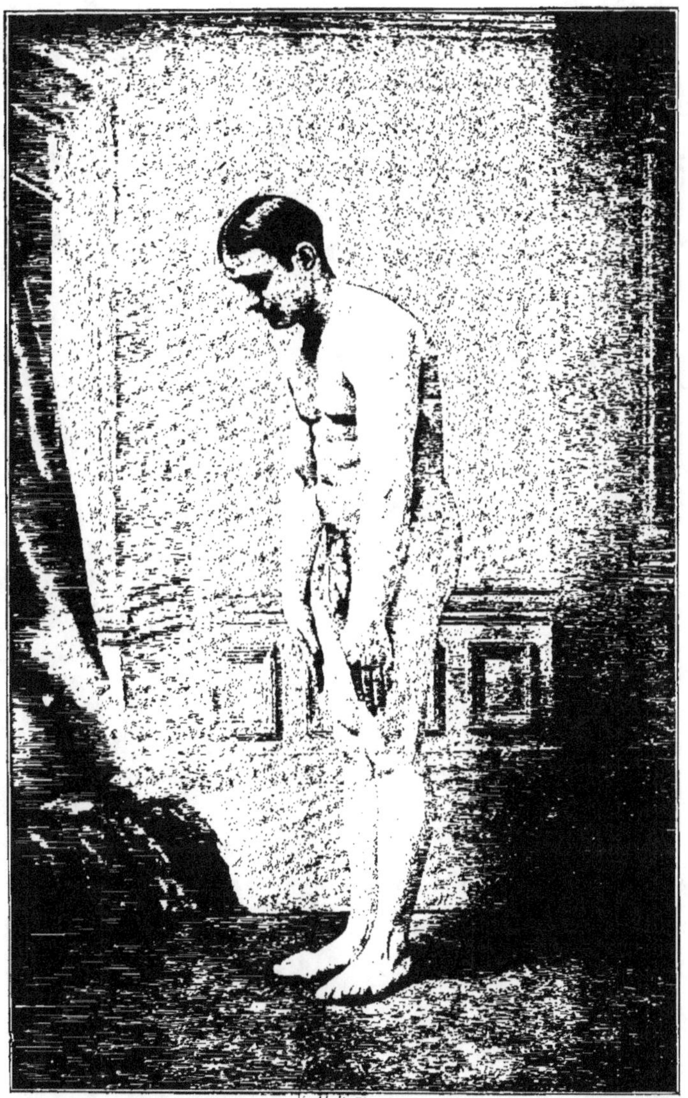

FIG. 24. — Fin de l'expiration en reposant sur les talons en même temps qu'on abaisse les bras et qu'on contracte les muscles abdominaux, puissants expirateurs.

(Deuxième phase de l'exercice respiratoire)

EXERCICE N° 10

Pour développer l'ampliation de la cage thoracique et pour augmenter la capacité pulmonaire

Cet exercice s'exécute à mains libres. Le nombre des mouvements variera de 12 à 15, pour tous les sujets, indépendamment de l'âge et du sexe. Les personnes entraînées pourront, par la suite, atteindre 18 à 20 mouvements, mais ce nombre sera un maximum.

Position

1° Maintenir les jambes jointes et tendues, le poids du corps reposant naturellement ;

2° Maintenir les paumes des mains appuyées sur la partie antérieure de la cuisse.

Exécution

1° Inspirer lentement et profondément en élevant les bras au-dessus de la tête et en se haussant en même temps sur la pointe des pieds (fig. 23) ;

2° Expirer longuement en abaissant les bras et en reposant sur les talons (fig. 24).

Nota. — On facilitera l'expiration en fléchissant à demi sur les jambes et en inclinant légèrement le thorax sur le bassin (fig. 24).

De plus, on marquera un petit temps d'arrêt, le temps de compter : un, deux, par exemple, entre l'expiration qui termine la fin du mouvement et l'inspiration qui le commence.

L'inspiration se fera par le nez et par la bouche, celle-ci entr'ouverte.

Action

1° Par le maintien des jambes jointes et tendues :
Action sur les extenseurs des cuisses pour assurer la station verticale convenable ;

2° Par la profonde inspiration en élevant les bras au-dessus de la tête et en se haussant sur la pointe des pieds :
Action sur les deltoïdes élévateurs des bras ; action sur tous les muscles inspirateurs qui agrandissent la cavité thoracique pour favoriser la dilatation des poumons.

En outre, par l'élévation sur la pointe des pieds, contraction des muscles de la face postérieure et latérale des jambes, et par l'élévation des bras au-dessus de la tête, on obtient l'extension de la colonne vertébrale dont les courbures se redressent (fig. 23).

Or, plus la tige vertébrale prend une attitude rectiligne, plus les côtes parcourent d'espace dans leur déplacement de bas en haut, ce qui favorise l'ampliation de la cavité thoracique. Alors les parois internes du thorax ne gênent plus les poumons qui atteignent, avec la forte inspiration, leur volume maximum ;

3° Par la longue expiration en abaissant les bras et en reposant sur les talons :
Action sur les muscles expirateurs. Les abdominaux, qui sont, par exemple, de puissants expirateurs, se contractent quand on fléchit légèrement le buste sur le membre inférieur (fig. 24). Cette action a d'ailleurs pour but de faciliter l'expiration en la rendant plus longue ; car, pour jouir d'une respiration complète, il est aussi nécessaire de désemplir les vésicules pulmonaires au moment de l'expiration que de les emplir au moment de l'inspiration. En un mot, il faut s'appliquer à mieux inspirer et expirer.

Ce dernier exercice, qui termine l'entraînement, est un

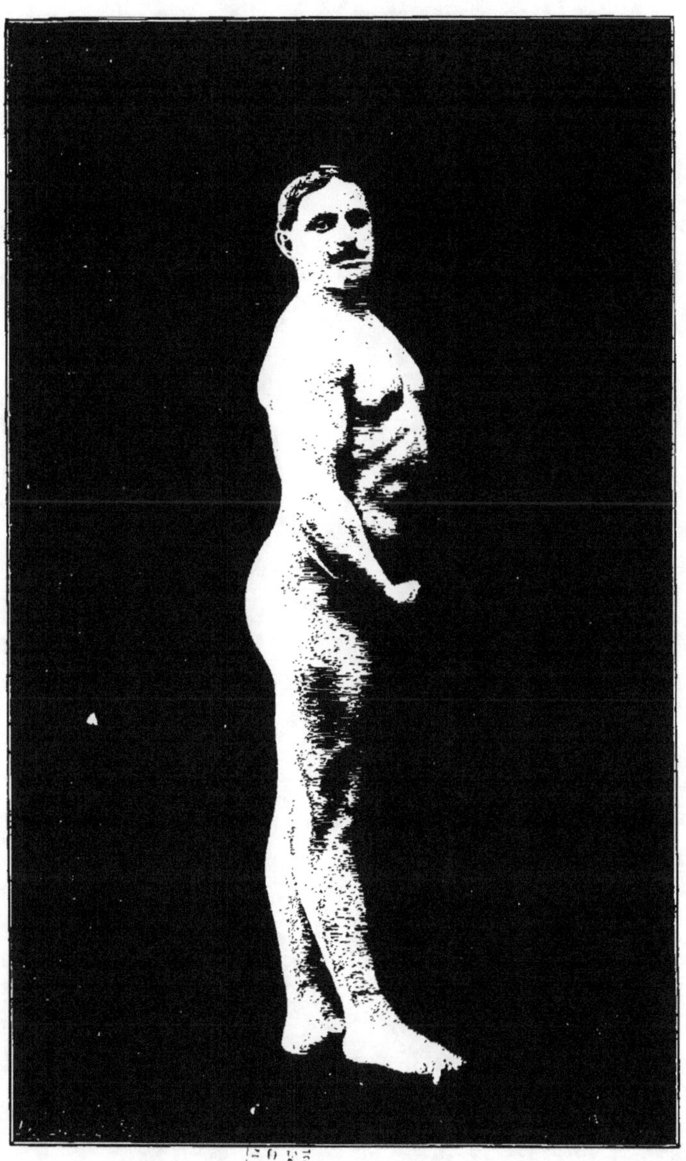

FIG. 25. — Développement musculaire obtenu par la pratique
de la méthode scientifique de la culture physique

moyen respiratoire des plus énergiques. Il y a donc tout intérêt à l'exécuter comme il est prescrit, si l'on veut qu'il diffère énormément des mouvements respiratoires qui accompagnent tous les autres exercices.

L'hygiène du cerveau dans l'accomplissement des mouvements simples — Les avantages d'une méthode individuelle

Actuellement que la méthode de Ling, pratiquée en Suède, est à l'ordre du jour et que de toutes parts on vante ses bienfaits, il est utile de poser cette question : cette méthode est-elle, oui on non, le vrai et seul moyen d'entrainement capable de donner à l'homme le summum de ses conditions physiques, savoir : santé, force et beauté ?

La gymnastique suédoise ne constitue pas une méthode individuelle et, pour répondre à la question posée, il faut tenir compte des circonstances d'âge, de sexe, de tempérament et de vie sociale.

Supposons un sujet débilité, surmené par un travail intellectuel ; la pratique des exercices physiques sera-t-elle capable de régénérer ce corps affaibli ? Non, parce qu'un cerveau fatigué ne peut même pas suffire à une dépense minime d'énergie nécessaire pour la mise en branle des grosses masses musculaires. La force nerveuse qui détermine l'action du muscle est épuisée chez le névropathe et l'exercice corporel peut être, dans ce cas, une contre-indication, à moins qu'il n'ait été prévu pour le repos du cerveau, en un mot, pour l'économie des centres nerveux.

La méthode suédoise a certes été la base des exercices physiques. Scientifique au possible, elle a donné depuis cent ans l'idée juste de ce que devait être la gymnastique saine et vraiment profitable. Seulement elle est mieux faite pour être enseignée dans le groupe qu'individuellement.

Ce qu'il faut donc rechercher, c'est le détail du mouvement pour l'apprendre à chacun et pour permettre au faible d'acquérir le fonds qui lui manque.

Avant d'aborder les jeux et les sports, il est indispensable d'avoir non seulement des muscles et des organes internes préparés, mais encore des nerfs calmes, forts et non irrités.

La contraction musculaire est l'occasion d'une excitation directe du cerveau, puisque le choc de la volonté sur les cellules motrices de la substance grise (cerveau) précède tout mouvement actif.

Précisément, cette inévitable excitation de l'exercice rend parfois son indication difficile à saisir pour les personnes épuisées moralement, et ce qu'il faut leur éviter, c'est un fort ébranlement des cellules appauvries.

La contraction la plus localisée s'impose donc. Comme peu de muscles agissent dans un exercice, le cerveau n'est pas beaucoup sollicité par la volonté, puisque l'effort musculaire est infime et que le mouvement devient machinal.

L'avantage des exercices simples se trouve ainsi nettement établi. Car, si pour certains ils ne sont qu'une toilette musculaire hygiénique qui permet au corps de se conserver jeune et souple, pour les enfants ils constituent la seule méthode rationnelle et bien graduée. Ils deviennent aussi pour les personnes fatiguées du cerveau un moyen thérapeutique naturel.

D'une part, la conclusion à propos des exercices localisés est la suivante, pour les personnes bien portantes qui doivent se transformer corporellement : l'accroissement du muscle en force et en volume sera proportionnel à la fréquence de sa mise en jeu, sans toutefois dépasser la sensation de fatigue, ce qui équivaut à dire : beaucoup de travail pour peu d'efforts.

D'autre part, la conclusion pour les personnes fatiguées de l'esprit est celle-ci :

L'inactivité physique produit l'affaiblissement des muscles et, par conséquent, la déformation du corps. Il faudra donc, pour l'hygiène du cerveau, pratiquer les exercices en restant toujours au-dessous de la sensation de fatigue.

L'élève n'épuisera pas ses nerfs. Au contraire, il reposera son système nerveux tout en le fortifiant, tout en le disciplinant. Les exercices prescrits, faits d'une manière automatique, constituent donc pour le névropathe la ligne de conduite qu'il doit suivre pour retrouver toute l'énergie désirable. C'est ici la base de toute médication, et les bienfaits de l'exercice s'étendent au corps débilité tout comme à l'esprit fatigué.

Ainsi compris, l'entraînement de tous les muscles de la machine humaine par la contraction localisée devient une méthode simple et individuelle, capable plus que toute autre de donner au corps son maximum de développement harmonieux.

De plus, le sujet peut être livré à lui-même. Possédant des notions d'anatomie et de physiologie pratiques, il est un collaborateur intelligent qui peut participer au progrès de l'éducation physique en France. L'initiative personnelle est respectée : l'élève peut agir seul, où et quand il le veut. De la sorte, chacun gagnera du temps en ne subissant plus dans le groupe certains mouvements collectifs dont il n'a le plus souvent pas besoin.

TABLE DES GRAVURES

TABLE DES MATIÈRES

CHAPITRE I

MUSCLE BICEPS

CHAPITRE II

MUSCLES PECTORAUX

CHAPITRE III

MUSCLES DE LA JAMBE

CHAPITRE IV

MUSCLES DU DOS

CHAPITRE V

MUSCLES DE L'ÉPAULE

CHAPITRE VI

MUSCLES ABDOMINAUX

CHAPITRE VII

MUSCLES DE L'AVANT-BRAS

CHAPITRE VIII

MUSCLES DE LA CUISSE

CHAPITRE IX

MUSCLE GRAND OBLIQUE DE L'ABDOMEN

CHAPITRE X

DE L'EXERCICE RESPIRATOIRE

Nancy, impr. Berger-Levrault et Cie.

ARDOUIN-DUMAZET

Voyage en France

COURONNÉ PAR L'ACADÉMIE FRANÇAISE, LA SOCIÉTÉ DES GENS DE LETTRES

LA SOCIÉTÉ DE GÉOGRAPHIE DE PARIS, LA SOCIÉTÉ DE GÉOGRAPHIE COMMERCIALE

LE TOURING-CLUB DE FRANCE

ET LA SOCIÉTÉ NATIONALE D'AGRICULTURE DE FRANCE

60 volumes, avec plus de 1.300 cartes

VOLUMES PARUS

1. **Morvan, Val de Loire et Sologne.**
2. **Beauce, Perche et Maine.**
   (Voir aussi la série 56, sous presse.)
3. **Bretagne : I. Les Iles de l'Atlantique. I.** *De la Loire à Belle-Isle.*
4. **Bretagne : II. Les Iles de l'Atlantique. II.** *D'Hoëdic à Ouessant.*
5. **Bretagne : III. Haute-Bretagne intérieure.**
   (Voir aussi les séries 51, 52, 53, qui complètent les volumes consacrés à la Bretagne.)
6. **Normandie : I.** *Cotentin et Alpes normandes.*
   (Voir aussi la série 54, sous presse.)
7. **La Région lyonnaise.**
8. **Le Rhône, du Léman à la mer.**
9. **Bas-Dauphiné.**
10. **Les Alpes, du Léman à la Durance.**
11. **Forez, Vivarais, Tricastin, Comtat-Venaissin.**
12. **Alpes de Provence et Alpes Maritimes.**
13. **Provence maritime : I.** *Région marseillaise.*
    (Voir aussi la série 55.)
14. **La Corse.**
15. **Charentes et Plaine poitevine.**
16. **De Vendée en Beauce.**
17. **Littoral du pays de Caux, Vexin, Basse-Picardie.**
18. **Région du Nord : I.** *Flandre et Littoral.*
19. **— II.** *Artois, Cambrésis et Hainaut.*
20. **Haute-Picardie, Champagne rémoise et Ardennes.**
21. **Haute-Champagne et Basse-Lorraine.**
22. **Plateau lorrain et Vosges.**
23. **Plaine comtoise et Jura.**
24. **Haute-Bourgogne.**
25. **Basse-Bourgogne et Sénonais.**
26. **Berry et Poitou oriental.**
27. **Bourbonnais et Haute-Marche.**

28. **Limousin.**
29. **Bordelais et Périgord.**
30. **Gascogne.**
31. **Agenais, Lomagne et Bas-Quercy.**
32. **Haut-Quercy, Haute-Auvergne.**
33. **Basse-Auvergne.**
34. **Velay, Bas-Vivarais, Gévaudan.**
35. **Rouergue et Albigeois.**
36. **Cévennes méridionales.**
37. **Le Golfe du Lion.**
38. **Haut-Languedoc.**
39. **Pyrénées, partie orientale.**
40. **Pyrénées centrales.**
41. **Pyrénées, partie occidentale.**

RÉGION PARISIENNE :
42. **— I.** *Nord-Est :* **Le Valois.**
43. **— II.** *Est :* **La Brie.**
44. **— III.** *Sud :* **Gâtinais français et Haute-Beauce.**
45. **— IV.** *Sud-Ouest :* **Versailles et le Hurepoix.**
46. **— V.** *Nord-Ouest :* **La Seine, de Paris à la mer. Parisis et Vexin français.**
47. **— VI.** *Ouest :* **L'Yveline et le Mantois.**

LES PROVINCES PERDUES :
48. **Haute-Alsace.**
49. **Basse-Alsace.**
50. **Lorraine annexée.**

51. **Bretagne : IV.** *Le Littoral de l'Atlantique.*
52. **Bretagne : V.** *Le Littoral de la Manche.*
53. **Bretagne : VI.** *Basse-Bretagne intérieure.*
55. **Provence maritime : II.** *La Côte d'Azur.*
56. **Touraine et Anjou :** *Les Châteaux de la Loire.*

VOLUMES EN PRÉPARATION

54. **Normandie : II.** *Normandie centrale.*
57 et suivants : **Paris et Banlieue de Paris.**

Chaque volume in-12, d'environ 400 pages, avec cartes, broché. . **3 fr. 50**
— Élégamment cartonné en toile souple, tête rouge . . . . . **4 fr.**

(Chaque volume comprend une région géographique bien délimitée et se vend séparément.)

Envoi gratuit, sur demande, du catalogue détaillé des 60 volumes de la collection

L. SAZERAC DE FORGE, Capitaine breveté

La Conquête de l'Air

LE BALLON DIRIGEABLE

Avec une préface de l'ingénieur H. JULLIOT
Créateur du *Lebaudy* et du *Patrie*

Deuxième édition, entièrement refondue et mise à jour

1910. Un volume grand in-8 de 824 pages, avec 269 gravures, figures et portraits, broché. **12 fr. 50** — Relié en perc. gaufrée or, tête rouge. **15 fr**

L'Homme s'envole

LE PASSÉ, LE PRÉSENT ET L'AVENIR DE L'AVIATION

1909. Volume in-8 de 101 pages, illustré de 42 gravures, broché. **1 fr. 25**

C. ADER

L'Aviation Militaire

1910. Un volume in-12, avec une planche, broché. . . . . **2 fr. 50**

L'Aéroplane des frères Wright

HISTORIQUE — EXPÉRIENCES — DESCRIPTION

1908. In-8, avec une planche de dessins originaux. . . . . . . **1 fr**

Les Aéroplanes. Leur Erreur. Leurs Dangers, par F. Roux. 1910. Brochure in-8 . . . . **1 fr**

En Marge de la Théorie des Aéroplanes, par E. Pagezy, capitaine d'artillerie. 1910. In-8, 60 pages avec 30 figures, broché . . . . **2 fr**

Cerfs-volants militaires, par L.-Th. Saconney, capitaine du génie. 1909. Un volume in-8 de 96 pages, avec 37 figures, broché . . . . **2 fr. 50**

Le Vol ramé et les formes de l'aile, par le commandant L. Thouveny. Mémoire reçu par l'Académie des sciences, le 5 avril 1909. Brochure in-8, avec 17 fig., br. **1 fr. 25**

Essai sur la Navigation aérienne. *Aérostation, Aviation*, par G. Lapointe, enseigne de vaisseau. 1896. Un volume in-8, broché . . . . **3 fr. 50**

Vient de paraître

Capitaine F. FERBER (DE RUE)

L'AVIATION

SES DÉBUTS — SON DÉVELOPPEMENT

De Crête à Crête — De Ville à Ville — De Continent à Continent

Nouvelle édition. 1910. Volume in-8 de 270 pages, avec 117 figures et 2 portraits, broché. . . . . **5 fr.**

E. GIRARD et A. de ROUVILLE
ÉLÈVES INGÉNIEURS DES PONTS ET CHAUSSÉES, OFFICIERS DE RÉSERVE DU GÉNIE

Les Ballons dirigeables

THÉORIE — APPLICATIONS

Deuxième édition, augmentée des annexes :
Le Ballon LEBAUDY — Le Ballon PATRIE
par le Commandant VOYER

1909. Volume in-8 de 386 pages, avec 174 fig. dans le texte, broché. **5 fr.**

Les Aérostiers militaires en Égypte, par le baron Marc DE VILLIERS DU TERRAGE. *Campagne de Bonaparte 1798-1801.* 1901. In-8, broché. . . . . **75 c.**

Les Premières Expériences aérostatiques en Lorraine 1783-1788, par Pierre BOYÉ, président de la Société d'archéologie lorraine. 1909. In-8. avec 3 pl., br. **3 fr. 50**

De la Restitution du plan au moyen de la téléphotographie en ballon, par L. PEZET, capitaine du génie. 1907. In-8, 80 pages, avec 37 figures, broché . **2 fr.**

Détermination des objectifs dérobés aux vues au moyen du ballon captif, par H. CHAUMONT, lieutenant d'artillerie. 1909. In-8, 71 pages, avec 20 figures dans le texte, broché. . . . . **2 fr.**

Les Pannes en Automobile. *Leurs méfaits ; leurs remèdes ; ce que doivent contenir les coffres d'une voiture automobile,* par H. GENTY (DE LA TOULOUBRE), capitaine d'artillerie. 3e édition, revue et augmentée. 1906. In-8. 72 pages, avec 11 fig. br. **1 fr. 50**

Les Automobiles à l'Exposition de 1900. Extrait du *Rapport de la Commission militaire de l'Exposition universelle de 1900.* 1903. Un volume grand in-8 de 364 pages, avec 336 figures, broché . . . . **7 fr. 50**

PARIS, 5—7, RUE DES BEAUX-ARTS — RUE DES GLACIS, 18, **NANCY**

Dr W. PAULCKE

MEMBRE DU JURY AUX CONCOURS DE SKI DU FELDBERG, DE GLARIS, D'ADELBODEN, ETC.

Manuel de Ski

Deuxième édition française, traduite de la cinquième édition allemande

par F. ACHARD

INGÉNIEUR, MEMBRE DES SKI-CLUBS BERNE ET ZURICH

1910. Volume in-8 de 170 pages, avec 81 figures, broché . . . . **4 fr.**
Relié en percaline gaufrée argent, tête rouge . . . . **5 fr.**

HERMANN CZANT

PREMIER-LIEUTENANT D'INFANTERIE DE L'ARMÉE AUSTRO-HONGROISE

ALPINISME ET SERVICE MILITAIRE
D'HIVER

ÉDITION FRANÇAISE SOUS LES AUSPICES DE

H.-A. TANNER

CAPITAINE D'INFANTERIE DE L'ARMÉE SUISSE

1908. Un volume in-8 de 163 pages, avec 80 illustrations et 2 cartes, couverture illustrée, broché . . . . **5 fr.**

Dr L.-E. DUPUY

MÉDECIN DE L'HÔPITAL DE SAINT-DENIS

Le Mouvement et les Exercices physiques
LEÇONS PRATIQUES SUR LES SYSTÈMES OSSEUX ET MUSCULAIRE

Introduction par le Dr DASTRE

PROFESSEUR DE PHYSIOLOGIE A LA FACULTÉ DES SCIENCES DE PARIS

Volume in-8 de 358 pages, avec 139 figures, broché. . . . . **5 fr.**

Règlement sur l'Instruction de la Gymnastique, approuvé le 22 octobre 1902.
Un vol. in-8 étroit, avec 350 fig., cartonné. **1 fr.** — Percaline souple gaufrée or. **1 fr. 25.**
— **Annexes.** *I. Notions de physiologie. II. Jeux en plein air. III. Description du
matériel, gymnastique et natation.* 1905. Un volume in-8 étroit, avec 3 planches et
4 figures, cartonné. . . . . **1 fr.** — Percaline souple gaufrée or. . . . . **1 fr. 25.**

Règlement d'Escrime (*Fleuret — Épée — Sabre*), approuvé par le ministre de la
guerre le 6 mars 1908. Un volume in-8 étroit de 104 pages, avec 62 fig., cartonné. **60 c.**
En élégante reliure maroquinée gaufrée or, tranches rouges. . . . . **1 fr. 50.**